低碳高性能混凝土

刘奎生　刘震国　段劲松　著

中国建筑工业出版社

图书在版编目（CIP）数据

低碳高性能混凝土/刘奎生，刘震国，段劲松著
.—北京：中国建筑工业出版社，2022.4（2023.1重印）
ISBN 978-7-112-27228-0

Ⅰ.①低… Ⅱ.①刘…②刘…③段… Ⅲ.①高强混
凝土 Ⅳ.①TU528.31

中国版本图书馆 CIP 数据核字（2022）第 048200 号

本书详细介绍了大掺量矿物掺合料混凝土、超细粉高性能混凝土、高耐久蒸养混凝土、复合掺合料高性能混凝土的配合比设计、宏观性能、微观结构，重点讨论了如何使用矿物掺合料制备强度高和耐久性好的高性能混凝土。本书既可以作为工程单位进行混凝土配合比设计和工程应用的参考，也可以作为科研单位进行学术研究的参考。

责任编辑：张伯熙
文字编辑：沈文帅
责任校对：李欣慰

低碳高性能混凝土

刘奎生　刘震国　段劲松　著

*

中国建筑工业出版社出版、发行（北京海淀三里河路 9 号）
各地新华书店、建筑书店经销
北京龙达新润科技有限公司制版
北京中科印刷有限公司印刷

*

开本：787 毫米×960 毫米　1/16　印张：13¾　字数：270 千字
2022 年 4 月第一版　　2023 年 1 月第二次印刷
定价：**65.00** 元
ISBN 978-7-112-27228-0
（38759）

前言

　　混凝土是世界上最大宗的商品之一，是现代人类社会最重要的建筑材料之一。我国是世界上最大的水泥和混凝土生产国，水泥年产量连续多年超过20亿t，水泥和混凝土的用量占全球60%以上。然而，水泥生产需要消耗大量的石灰石和黏土等自然资源以及电、煤炭等能源，同时又会排放出大量的CO_2、SO_2和NO_x等废气，是一个典型的高消耗和高排放的过程。以2020年为例，水泥的生产约消耗石灰石资源28亿t、标煤1.8亿t、电1900亿kWh，排放约150万t SO_2、450万t NO_x、15.5亿t CO_2。在"绿水青山就是金山银山""2030年碳达峰、2060年碳中和"等基本国策下，国家对生态环境的保护越来越重视，这就要求水泥混凝土行业必须实现大幅度的节能减排，走可持续发展的道路。

　　水泥和混凝土行业要实现绿色低碳的目标，首先要减少胶凝材料中水泥的用量，因此，利用矿物掺合料作为辅助性胶凝材料替代部分水泥成了自然和必然的选择。现代混凝土的核心技术之一就是围绕矿物掺合料展开的。20世纪后半叶，矿物掺合料作为混凝土研究领域中最热门、最受关注的研究方向之一吸引了大量的研究者。经过科研和工程技术人员数十年的努力，矿物掺合料在大量的土木工程建设中成功应用，其中曾被"质疑"的大掺量矿物掺合料（替代水泥40%以上）混凝土作为低碳混凝土的典型代表之一也获得了工程界的广泛认可。21世纪以来，矿物掺合料的来源、种类和功能得到进一步的扩展，现代混凝土的发展已越来越依赖矿物掺合料。

　　矿物掺合料主要是由工业废渣经过粉磨工艺而获得。我国机械粉磨技术的进步使得以较低成本获得磨细甚至超细粉体成为可能。相对于水泥生产的"两磨一烧"过程，矿物掺合料的生产不需要"烧"，其能源消耗远低于水泥的生产。此外，不同于获取水泥原料的"开山采石"过程，矿物掺合料主要来源于我国每年排放的30多亿吨工业废渣，包括矿渣、粉煤灰、钢渣、铜渣和磷渣等。这不仅极大地降低了矿物掺合料生产对环境的负荷，还有利于解决因废渣的大量堆存造成的大面积占地、土壤与水域污染等严重的环境问题。因此，将工业废渣用作矿物掺合料替代部分水泥不仅能够促进水泥和混凝土行业的绿色、低碳发展，还对我国矿业、冶金、煤电等行业的可持续发展具有重要意义。

　　另外为了适应现代工程结构向大跨、高耸、重载方向发展的趋势，以及承受恶劣服役环境的客观需要，发展高性能混凝土成为混凝土技术的一个重要发展方向，受到行业的广泛关注。对于高性能混凝土的定义，国内外至今仍存在不同的观点。美国战略公路研究项目认为高性能混凝土应该具有早强性和高耐久性。由于日本大力推广免振捣混凝土，因此日本多数学者强调高性能混凝土的工作性。在我国，部分学者认为高性能混凝土首先应该具有高强度，高强混凝土往往具备更好的耐久性；还有一部分研究者却认为，高性能混凝土未必是高强混凝土，因为高强度也会带来一些不利于耐久性的因素，并建议将高性能混凝土的强度等级要求降至 C30。因此可以看出，高性能混凝土并不是一种特定的混凝土，而是针对不同工程要求和服役环境，以满足不同使用功能和设计目标的一种混凝土。一般而言，高性能混凝土应当具有良好的工作性和耐久性。

发展高性能混凝土不仅是为了适应现代土木工程结构的发展趋势，还是实现水泥和混凝土行业绿色低碳发展的有效途径，它既是目的也是手段，具有"双重"意义。例如，良好的工作性可以提高施工效率和降低建造成本，避免因工作性不良导致的混凝土蜂窝、麻面、初始裂缝等缺陷的产生，避免局部破坏的出现，从而降低结构维护和补修的成本。高耐久性能够保证工程结构的服役寿命，节约因结构老化翻修而耗费的巨额资金，减少因结构拆除而造成的建筑垃圾排放，从全寿命周期的角度来讲是经济、环保的。

合理地使用矿物掺合料是实现现代混凝土"高性能"的重要途径，不同应用场景对"高性能"的不同定义，要求科研人员和工程技术人员应当对矿物掺合料进行针对性、创造性、多样化的利用，这些利用方式包括大掺量、超细化、蒸汽养护、复合掺加等。

防止混凝土结构的有害开裂是保证结构耐久性的前提条件。温度收缩引起的开裂风险是工程施工中不容忽视的问题。现代混凝土的强度等级高，胶凝材料用量大，反应的放热量大；此外，现代结构构件的尺寸越来越大，混凝土内部和外界的热量交换速率低。这就导致了混凝土的内外温差和温度应力变大，结构混凝土的开裂风险变高。以粉煤灰为代表的一些矿物掺合料早期放热速率低，能够明显降低胶凝材料的早期水化放热，且掺量越高降低效果越明显。因此大掺量矿物掺合料——水泥复合胶凝材料是现代混凝土（尤其是大体积混凝土）普遍采用的胶凝材料。其中，大掺量粉煤灰混凝土在超高层建筑的基础底板、水工大坝等建筑结构中得到了很成功地应用。例如，在北京新央视大楼、天津津塔、深圳平安大厦的基础底板混凝土中，粉煤灰的掺量分别达到了 50%、40%、45%；在水工混凝土中，粉煤灰的掺量更高，有时甚至超过了 60%。

我国机械粉磨技术的进步使得以较低成本获得超细粉体成为可能，利用粉磨工艺将工业废渣加工为超细粉体能够有效提高废渣的反应活性，从而获得高附加值的超细矿物掺合料。超细矿物掺合料混凝土能够在很大程度上弥补普通矿物掺合料混凝土早期强度普遍较低的问题，同时能够进一步改善混凝土的孔结构，提高混凝土的耐久性。例如，在同等掺量条件下超细矿渣比普通矿渣火山灰反应开始的时间提前，且最大反应速率比普通矿渣高出60%。超细矿渣混凝土甚至能够达到与硅灰混凝土相近的力学性能和耐久性能，因而超细矿渣能够替代价格高、储量少的硅灰来制备高强度、高耐久性的混凝土。但是，超细矿物掺合料较大的比表面积会导致胶材需水量增大，同时胶材的整体细度增大导致颗粒间距离减小，二者共同作用往往会使得含超细矿物掺合料的新拌浆体流动性降低，这在工程应用中是需要注意的。

伴随着建筑工业化的发展，预制混凝土构件得到了大量应用，预制混凝土构件普遍采用蒸汽进行养护。蒸汽养护可以促进混凝土早期强度的发展，提高生产效率，但是后期性能（尤其是耐久性）比标准养护混凝土差。由于高温养护可以激发矿物掺合料的反应活性，提高复合胶凝体系的反应程度，并改善矿物掺合料混凝土的孔结构，因此通过合理地掺入粉煤灰、矿渣等矿物掺合料能够有效地改善蒸养混凝土的耐久性。但是需要特别注意的是，对于蒸养掺合料混凝土，延迟钙矾石形成会造成体积稳定性问题，且蒸养温度越高，延迟钙矾石形成的可能性就越大，这在蒸养混凝土构件的耐久性评估中需要予以考虑。

复掺矿物掺合料能够实现不同掺合料的"优势互补"，是制备高性能混凝土的一种有效方式。例如，粉煤灰和矿渣的复掺，既利用了粉煤灰的"滚珠润滑"的作用，提高混凝土的流动性，又可以利用矿渣相对较高的早期反应活性，保证混凝土的早期强度。粉煤灰和矿渣两种矿物掺合料还可以增强混凝土的密实度，改善界面过渡区微结构，"二次"反应往往能够阻断已形成的连通孔隙，从而降低混凝土材料的连通孔隙率，对侵蚀性离子的侵入起到良好的阻断作用，从而实现混凝土的高耐久性。

总而言之，混凝土的发展方向必然是低碳和高性能的，其中对矿物掺合料的科学合理利用对低碳高性能混凝土的发展起到了至关重要的作用，而这种科学合理地利用是建立在对矿物掺合料混凝土反应机理和工程性能充分了解的基础之上的。唯有如此，才能既避免因盲目追求"变废为宝"而忽略混凝土的工程性能的倾向，又避免因过度"看重"混凝土性能而不敢合理使用矿物掺合料的现象，从而促进水泥混凝土行业的可持续发展。

目录

◇◇◇◇◇◇

第1章

大掺量矿物掺合料混凝土

1.1 大掺量矿渣混凝土

矿渣是在高炉炼铁过程中的副产品。在炼铁过程中，氧化铁在高温下被还原成金属铁，铁矿石中的二氧化硅、氧化铝等杂质与石灰等反应生成以硅酸盐和硅铝酸盐为主要成分的熔融物，经过淬冷成质地疏松、多孔的粒状物，即为高炉矿渣，简称矿渣。图 1.1-1（a）为矿渣照片，图 1.1-1（b）为矿渣的结构示意图。矿渣可采用不同的方法来分类，其中根据碱性氧化物与酸性氧化物的比值 M，可以将矿渣分为碱性矿渣（$M>1$）、中性矿渣（$M=1$）和酸性矿渣（$M<1$）；根据冶炼生铁的种类可分为铸铁矿渣（冶炼铸铁时排出的渣）、炼钢生铁矿渣

（a）

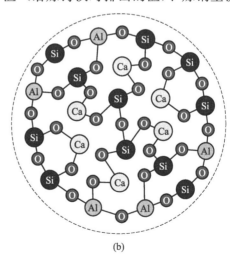
（b）

图 1.1-1 矿渣
（a）矿渣照片；（b）矿渣的结构示意图

1

（冶炼供炼钢用生铁时排出的渣）和特种生铁矿渣（用含有其他金属的铁矿石熔炼生铁时排出的渣，如锰矿渣、镁矿渣）；再根据冷却方法、物理性能及外形，可以分为缓冷渣（块状、粉状）和急冷渣（粒状、纤维状、多孔状和浮石状）。

水泥混凝土自应用以来一直是建筑工程最重要的结构材料，得到广泛地使用，可用于工业与民用建筑、市政、地下等土建工程，乃至雕塑工艺制品等。原材料资源丰富，易于就地取材。现浇钢筋混凝土结构的整体性较好，具有很好的抗震等性能。但由于生产水泥要耗费大量的能源，还严重污染自然环境。而且使用普通混凝土的建筑强度低，使用年限短，施工较缓慢。针对这些问题，开展了矿渣混凝土材料的研究。矿渣，是一种具有潜在的水硬性胶凝材料，在水泥行业被广泛应用于混合材料。在水泥中加入矿渣可以减少水泥用量，节约成本。还降低混凝土水化热，提高混凝土强度。并且改善了混凝土的微观结构，使水泥浆体的空隙率明显下降，强化了集料界面的粘结力，使得混凝土的物理力学性能大大提高。

我国是钢铁生产大国，通常情况下，每生产 1t 生铁将产生约 300 kg 粒化高炉矿渣。目前，我国矿渣的年产量在 1 亿 t 以上。各地矿渣成分差异较大，其中氧化硅含量为 $27.90\% \sim 33.54\%$，氧化铝含量为 $12.52\% \sim 17.30\%$，与其他国家比相对较高；另外，三氧化硫的含量也较高。随着超细粉碎技术的不断进步，矿渣微粉的加工工艺也在不断升级，生产细磨矿渣微粉的工艺方案随着生产条件、规模等不同有着不同的选择。高炉炼铁的废渣，从炉中以熔融状态流出，经水淬急冷后成为高炉矿渣，然后采用球磨机、振动磨及立磨粉磨工艺得到粒化高炉矿渣产品。目前企业生产的矿渣微粉，比表面积控制为 $420 \sim 450 m^2 / kg$。

1.1.1　矿渣在水泥中的反应机理

矿渣是一种具有潜在水硬性和火山灰活性的优质矿物掺合料，图 1.1-2 为矿渣原料的 XRD 图谱，由图可知，矿粉内部有硬石膏、莫来石和方解石等，无其他矿物相出现，主要以玻璃体结构为主。磨细的矿渣粉和水混合以后，会发生轻微的水化反应。图 1.1-3(a) 为矿渣原料的电镜照片，图 1.1-3(b) 为矿渣颗粒放大后的电镜照片。从图 1.1-3 可以看出，矿渣粉多为不规则且表面粗糙的颗粒，这主要是因为矿渣是通过机械粉磨得到的，大部分颗粒大小在 $10 \mu m$ 左右，也存在一些较大颗粒（$20 \mu m$）。有研究表明，不规则且表面粗糙的颗粒，掺入混凝土中可能会降低新拌混凝土的流动性。

磨细矿渣粉用作水泥混凝土矿物掺合料，能够改善或提高混凝土的综合性能，这已成为混凝土学界和工程界的共识。关于矿渣在水泥混凝土中的作用机理，可以归结为火山灰活性效应、胶凝效应和微集料效应。

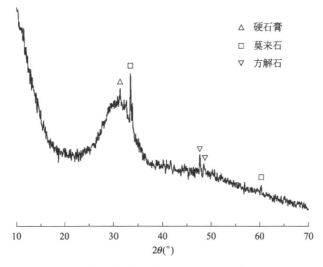

图 1.1-2   矿渣的 XRD 衍射图谱

图 1.1-3   矿渣原料的电镜照片

（a）矿渣电镜照片；（b）矿渣颗粒放大后的电镜照片

1. 火山灰活性效应

磨细的矿渣粉中玻璃形态的 SiO_2 和 Al_2O_3，经过机械粉磨激活，在混凝土内部的碱性环境中，能与水泥水化产物 $Ca(OH)_2$（CH）发生二次水化反应。在矿渣表面形成具有胶凝性能的水化硅酸钙、水化铝酸钙等胶凝物质。二次反应促进了水泥的进一步水化，CH 晶体不断溶解，C-S-H 凝胶不断沉积。因此，该过程减少了 CH 晶体在界面过渡区的富集，打乱了 CH 晶体在界面过渡区的取向性，同时又可以降低 CH 晶体的尺寸，使水泥石与骨料界面粘结强度及水泥浆体的孔结构得到改善，提高了混凝土的密实性，这样不仅有利于混凝土力学性能的提高，而且对混凝土某些耐久性也起到了很好的改善作用。水泥的水化过程中，会有结晶态的矿物生成和转化，而矿渣作为矿物掺合料的加入，会对水化产物的特征产生影响。

2. 胶凝效应

除了玻璃体，磨细矿渣粉中还存在一定数量低钙型的水泥熟料矿物 C_2S、CS，这些矿物可以直接与水发生水化反应，生成水硬性水化产物，凝结硬化而产生强度。这一反应是一次水化反应过程，不需要其他物质的存在。因此，磨细高炉矿渣粉具有胶凝性。

3. 微集料效应

由于磨细矿渣粉在颗粒组成和颗粒形态上没有明显优势，因此，通常不表现出非常好的填充行为。在水泥水化过程中，未参与水化的微细矿渣粉颗粒均匀分散于孔隙和胶凝体系中，起着填充毛细孔及孔隙裂缝的作用，使胶凝材料具有更好的颗粒级配，形成了密实充填结构和细观层次的自紧密堆积体系，进一步优化了胶凝结构，改善与粗、细骨料之间的界面粘结性能和混凝土的微观结构，从而改善混凝土的宏观综合性能。

由于矿渣粉的活性小于水泥，一般而言，掺入矿渣粉意味着可以降低水泥用量，因而有利于减小胶凝材料的水化放热速度，防止过高水化热的出现，从而降低混凝土的温升，延迟温峰出现的时间，减小热应变，降低混凝土早期热开裂的风险。图 1.1-4 为纯水泥、掺 22.5％的矿渣和 45％的矿渣的胶凝体系的水化放热曲线。从图中可以看出，与纯水泥胶凝材料的水化放热历程相同，掺矿渣的复合胶凝材料的水化历程同样可以分为 5 个阶段：快速放热阶段、诱导期、加速

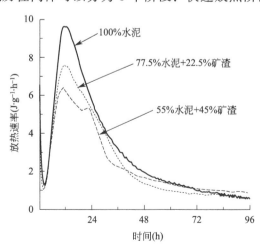

图 1.1-4　纯水泥、掺 22.5％的矿渣和 45％的矿渣的胶凝体系的水化放热曲线

期、减速期和稳定期。不同的是，掺矿渣的复合胶凝材料的水化第二放热峰均低于纯水泥胶凝材料，且随着矿渣掺量的增加，这种降低趋势更明显，这主要是因为矿渣替代部分水泥后，会使胶凝体系中的活性点数量减少（尤其是主要的水化矿物相 C_3S）。

但随着水化进程的发展，大掺量矿渣的胶凝体系（45%）在 60h 之后的水化放热速率超过纯水泥体系，这主要是因为水泥前期反应较快，生成的水化产物包裹在水泥颗粒表面，抑制水泥的进一步水化；而掺入矿渣后，由于矿渣的反应活性相对较弱，前期反应较为缓慢，水化产物的包裹作用不明显；除此之外，水泥含量大幅下降，水化产物也随之减少。因此，矿渣在后期可以持续反应，从而体现为 60h 后大掺量矿渣复合胶凝体系水化放热速率高于纯水泥。掺 22.5% 矿渣的胶凝体系在 72h 后也出现了和纯水泥胶凝体系相当的水化放热速率。

1.1.2　矿渣的相关标准

亚洲地区是生产和应用粒化高炉矿渣粉最活跃的地方，中国的产量位列世界第一。表 1.1-1 中总结了目前国内现行的关于矿渣粉的相关标准。

目前国内现行的关于矿渣粉的相关标准　　　　　　　　表 1.1-1

编号	标准号	标准名称
1	GB/T 18736—2017	高强高性能混凝土用矿物外加剂
2	GB/T 18046—2017	用于水泥、砂浆和混凝土中的粒化高炉矿渣粉
3	YB/T 4481—2015	粒化高炉矿渣粉粉磨工艺技术规范
4	JC/T 2238—2014	水泥制品用矿渣粉应用技术规程
5	YB/T 4405—2013	用于混凝土中的高炉水淬矿渣砂技术规程
6	GB/T 27975—2011	粒化高炉矿渣的化学分析方法
7	GB/T 203—2008	用于水泥中的粒化高炉矿渣
8	DG/TJ 08-501—2016	粒化高炉矿渣粉在水泥混凝土中应用技术规程
9	GB/T 200—2017	中热硅酸盐水泥、低热硅酸盐水泥

我国现有两个专门针对用于水泥和混凝土中的矿渣粉国家标准，《高强高性能混凝土用矿物外加剂》GB/T 18736—2017 和《用于水泥、砂浆和混凝土中的粒化高炉矿渣粉》GB/T 18046—2017。这两个标准对矿渣粉进行了分级，并对各等级矿渣粉的技术性能做出了具体的规定。《高强高性能混凝土用矿物外加剂》GB/T 18736—2017 根据矿渣粉的化学性能、物理性能和胶砂性能等十几项技术指标，将矿渣粉分为两个等级，所对应的比表面积分别为 600m²/kg 和 400m²/kg，该标准是高强混凝土和高性能混凝土用矿渣粉的质量标准，对比表面积要求较高，具体技术要求见表 1.1-2。

《高强高性能混凝土用矿物外加剂》GB/T 18736—2017
对高强高性能混凝土用矿渣粉的技术要求   表 1.1-2

试验项目		磨细矿渣	
		Ⅰ级	Ⅱ级
氧化镁（质量分数，%）	≤	14.0	
三氧化硫（质量分数，%）	≤	4.0	
烧失量（质量分数，%）	≤	3.0	
氯离子（质量分数，%）	≤	0.06	
二氧化硅（质量分数，%）	≥	—	—
三氧化二铝（质量分数，%）	≥	—	—
游离氧化钙（质量分数，%）	≤	—	—
吸铵值（mmol/kg）	≥	—	—
含水率（质量分数，%）	≤	1.0	
细度	比表面积（m²/kg）≥	600	400
	45μm 方孔筛筛余（质量分数，%）≤	—	
需水量比（%）	≤	115	105
活性指数（%）　　≥	3d	80	—
	7d	100	75
	28d	110	100

《用于水泥、砂浆和混凝土中的粒化高炉矿渣粉》GB/T 18046—2017 是水泥和普通混凝土用矿渣粉的质量标准，具体技术要求见表 1.1-3。其中，将矿渣粉分为 S105 级、S95 级、S75 级三个质量等级，分别对应 28d 胶砂活性指数为 105%、95% 和 75%，比表面积相应为 500m²/kg、400m²/kg 和 300m²/kg。随着质量等级的提高，矿渣粉的品质依次上升。

《用于水泥、砂浆和混凝土中的粒化高炉矿渣粉》GB/T 18046—2017
对水泥和混凝土用矿渣粉的技术要求   表 1.1-3

项目		磨细矿渣		
		S105	S95	S75
密度（kg/cm³）		≥2.8		
比表面积（m²/kg）		≥500	≥400	≥300
活性指数（%）	7d	≥95	≥70	≥55
	28d	≥105	≥95	≥75
流动度比（%）		≥95		
初凝结时间比（%）		≤200		
含水量（质量分数，%）		≤1.0		
三氧化硫（质量分数，%）		≤4.0		

续表

项目	磨细矿渣		
	S105	S95	S75
氯离子(质量分数,%)	$\leqslant 0.06$		
烧失量(质量分数,%)	$\leqslant 1.0$		
不溶物(质量分数,%)	$\leqslant 3.0$		
玻璃体含量(质量分数,%)	$\geqslant 85$		
放射性	$I_{Ra} \leqslant 1.0$ 且 $I_{\gamma} \leqslant 1.0$		

与《高强高性能混凝土用矿物外加剂》GB/T 18736—2017 不同的是,《用于水泥、砂浆和混凝土中的粒化高炉矿渣粉》GB/T 18046—2017 对比表面积要求降低,矿渣粉不需要超细粉磨;需水量采用流动度指标;胶砂活性指数也有所降低,且只要求 7d 和 28d,没有 3d 要求。

1.1.3　矿渣对砂浆强度的影响

强度是水泥混凝土最重要的性能之一,采用三种矿渣掺量为 22.5%、45%、60% 和两种水胶比为 0.5 和 0.42 的砂浆来测试各组砂浆试件 1d、3d、7d、28d、90d 和 180d 龄期时的抗压强度和抗折强度。表 1.1-4 为各组砂浆试件编号对应水胶比、矿渣掺量及各龄期的抗压强度。

水泥-矿渣胶砂试验试件对应的抗压强度　　　　表 1.1-4

编号	水胶比	矿渣掺量(%)	抗压强度(MPa)					
			1d	3d	7d	28d	90d	180d
C1	0.5	0	18.6	28.1	39.2	52.6	66.8	67.9
B1		22.5	14.2	24.1	36.4	57.3	66.9	67.4
B2		45	9.5	20.0	32.3	54.7	68.4	71.9
B3		60	5.4	15.2	29.2	51.2	61.7	68.8
C11	0.42	0	28.0	38.9	49.2	61.1	70.4	71.4
B11		22.5	20.7	33.2	45.7	61.6	70.9	71.0
B22		45	13.5	26.2	38.3	64.7	73.6	74.3
B33		60	8.5	20.3	35.7	60.2	63.6	70.1

图 1.1-5 为水胶比 0.5 时,纯水泥砂浆和矿渣粉掺量为 22.5%、45% 和 60% 的砂浆在不同龄期的抗压强度对比图。由图可见,在 1d、3d、7d 龄期时,掺 22.5%、45% 和 60% 矿渣粉的砂浆抗压强度低于纯水泥砂浆,但是在 28d、90d 和 180d 龄期时,掺 22.5% 和 45% 矿渣粉的砂浆抗压强度略高于纯水泥砂

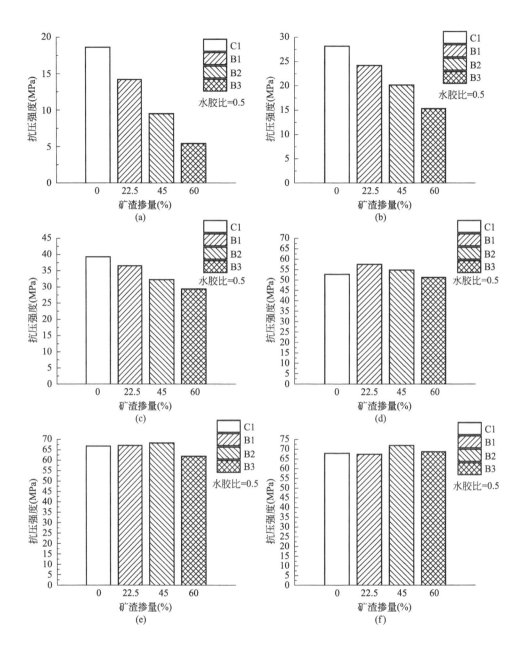

图 1.1-5　水胶比为 0.5 时矿渣掺量对砂浆抗压强度的影响

（a）1d 龄期；（b）3d 龄期；（c）7d 龄期；（d）28d 龄期；（e）90d 龄期；（f）180d 龄期

浆，掺 60％矿渣粉的砂浆抗压强度与纯水泥砂浆接近。

　　图 1.1-6 为水胶比 0.42 时，纯水泥砂浆和矿渣粉掺量为 22.5％、45％和 60％的砂浆在不同龄期的抗压强度对比图。由图可见，在 1d、3d、7d 龄

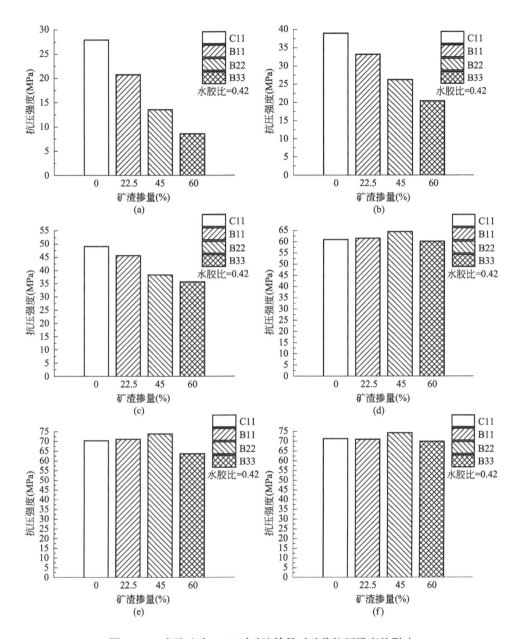

图 1.1-6　水胶比为 0.42 时矿渣掺量对砂浆抗压强度的影响

（a）1d 龄期；（b）3d 龄期；（c）7d 龄期；（d）28d 龄期；（e）90d 龄期；（f）180d 龄期

期时，掺 22.5％、45％和 60％矿渣粉的砂浆抗压强度低于纯水泥砂浆，但是在 28d、90d 和 180d 龄期时，掺 22.5％和 45％矿渣粉的砂浆抗压强度略高于纯水泥砂浆，掺 60％矿渣粉的砂浆抗压强度与纯水泥砂浆接近。以上规律与水胶比为 0.5 时一致，不同的是，降低水胶比后，各组砂浆试件的抗压强度整体提升。

以上结论表明，当矿渣粉掺量较少（22.5%）时，早期强度下降不明显，且后期强度有所提高；当掺量超过一定值后，混凝土早期强度下降明显，但后期强度高于纯水泥砂浆的抗压强度。

表 1.1-5 为各组砂浆试件编号对应水胶比、矿渣掺量及各龄期的抗折强度。图 1.1-7 为水胶比为 0.5 时，纯水泥砂浆和矿渣粉掺量为 22.5%、45% 和 60% 的砂浆在不同龄期的抗折强度对比图。由图可见，在 1d、3d、7d 龄期时，掺 22.5%、45% 和 60% 矿渣粉的砂浆抗折强度低于纯水泥砂浆，但是在 28d、90d 和 180d 龄期时，掺 22.5% 和 60% 矿渣粉的砂浆抗折强度略高于纯水泥砂浆，掺 45% 矿渣粉的砂浆抗折强度与纯水泥砂浆接近。图 1.1-8 为水胶比 0.42 时，纯水泥砂浆和矿渣粉掺量为 22.5%、45% 和 60% 的砂浆在不同龄期的抗折强度对比图。由图可见，在 1d、3d、7d 龄期时，掺 22.5%、45% 和 60% 矿渣粉的砂浆抗折强度低于纯水泥砂浆，但是在 28d、90d 和 180d 龄期时，各组矿渣粉砂浆抗折强度均略高于纯水泥砂浆。

随着矿渣粉掺量的增加，水泥熟料掺量的减少，混凝土堆积体系产生分散作用，会影响微集料填充效应对浆体硬化强度的贡献；矿渣粉掺量超过一定量后，水泥水化产生的 $Ca(OH)_2$ 的量不足以满足矿粉二次水化的需求，使混凝土后期强度也难以提升。有研究表明，随着矿渣微粉掺量的增加，火山灰效应对抗压、抗折强度的贡献率随之增加，且对抗折强度提高的贡献率高于抗压强度。

水泥-矿渣胶砂试验试件对应的抗折强度　　　　　　　　表 1.1-5

编号	水胶比	矿渣掺量(%)	抗折强度(MPa)					
			1d	3d	7d	28d	90d	180d
C1	0.5	0	5.02	6.77	7.92	10.00	10.13	9.93
B1		22.5	4.48	6.67	7.80	10.18	10.37	10.68
B2		45	3.25	5.35	6.65	9.85	9.28	9.57
B3		60	1.60	4.27	6.23	9.72	10.98	11.03
C11	0.42	0	6.82	8.18	8.98	10.25	10.12	10.28
B11		22.5	5.77	7.60	8.70	10.38	10.76	10.83
B22		45	4.08	6.47	7.87	10.67	11.03	11.05
B33		60	2.22	5.27	6.88	10.5	11.26	11.65

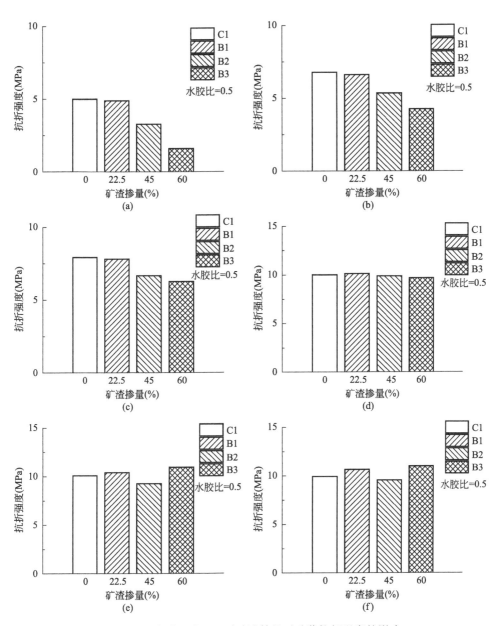

图 1.1-7 水胶比为 0.5 时矿渣掺量对砂浆抗折强度的影响

（a）1d 龄期；（b）3d 龄期；（c）7d 龄期；（d）28d 龄期；（e）90d 龄期；（f）180d 龄期

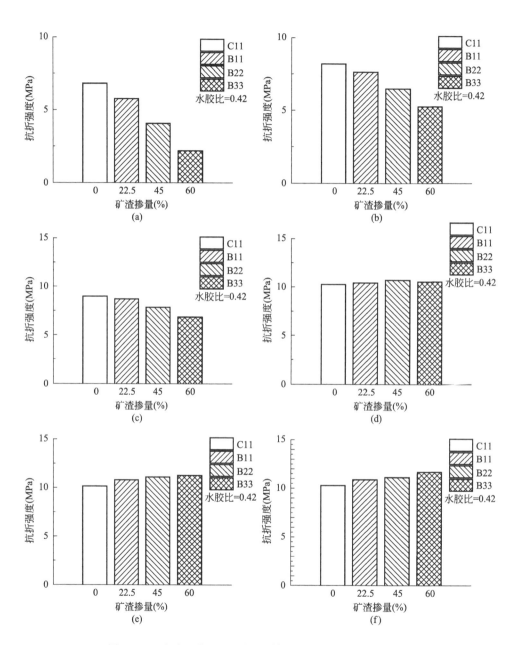

图 1.1-8　水胶比为 0.42 时矿渣掺量对砂浆抗折强度的影响

（a）1d 龄期；（b）3d 龄期；（c）7d 龄期；（d）28d 龄期；（e）90d 龄期；（f）180d 龄期

1.1.4　微观结构

1. 硬化浆体孔结构

纯水泥和掺 22.5%、45% 矿渣粉的复合胶凝材料硬化浆体在龄期 3d、90d、360d 的孔结构如图 1.1-9(a)~图 1.1-9(c) 所示。从图 1.1-9(a) 可以看出，掺入矿渣粉会使硬化浆体早期孔结构变疏松，表现在大孔比例增加（尤其是孔径＞200nm 的孔），且矿渣粉掺量越大，对早期孔结构的不利影响越大，这是因为矿渣粉的早期活性明显低于水泥，替代水泥的量越多，整体胶凝体系生成水化产物的量越少。图 1.1-9(b) 显示，龄期 90d 时，掺矿渣粉的硬化浆体的大孔比例减少，同时也使硬化浆体的小孔比例增加。由此可见，矿渣粉有细化硬化浆体后期孔径的作用。图 1.1-9(c) 显示，龄期为 360d 时，掺矿渣粉硬化浆体的孔径

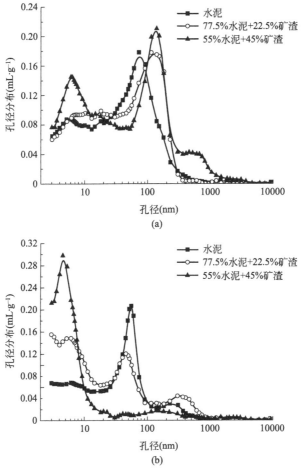

图 1.1-9　水泥和水泥-矿渣复合胶凝材料硬化浆体的孔径分布曲线（一）

(a) 3d 龄期；(b) 90d 龄期

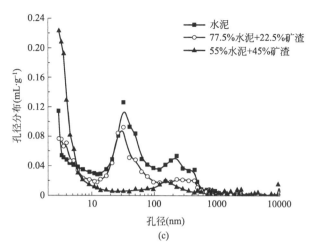

图 1.1-9　水泥和水泥-矿渣复合胶凝材料硬化浆体的孔径分布曲线（二）

（c）360d 龄期

得到进一步细化，掺量达到 45％时，硬化浆体中无最可几孔径。

　　由于大掺量矿渣微粉的加入，会使胶凝体系水化反应速率变慢，之前提到早期强度比不掺矿渣粉的纯水泥组降低，但随时间的推移进行二次水化，使掺矿粉的复合胶凝体系强度进一步提升，结构变得更加致密，孔径分布更加合理。

2. 微观形貌

　　图 1.1-10（a）、图 1.1-10（b）是纯水泥，图 1.1-10（c）、图 1.1-10（d）为掺 45％矿渣粉的胶凝体系硬化浆体 1d 龄期时的微观形貌，通过对比可以发现，掺矿渣粉的复合胶凝材料硬化浆体中有大量未水化的矿渣颗粒镶嵌在凝胶中，其结构比水泥硬化浆体结构疏松。

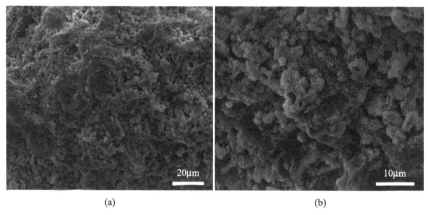

(a)　　　　　　　　　　　　　　(b)

图 1.1-10　水泥和掺 45％矿渣的复合胶凝材料 1d 硬化浆体的电镜图（一）

（a）、（b）100％水泥

图 1.1-10　水泥和掺 45% 矿渣的复合胶凝材料 1d 硬化浆体的电镜图 （二）

(c)、(d) 掺 45% 矿渣的复合胶凝材料

图 1.1-11 中 (a)、(b) 是纯水泥，(c)、(d) 为掺 45% 矿渣粉的胶凝体系硬

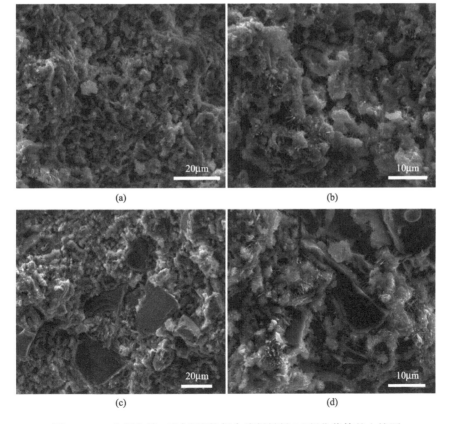

图 1.1-11　水泥和掺 45% 矿渣的复合胶凝材料 3d 硬化浆体的电镜图

(a)、(b) 100% 水泥；(c)、(d) 掺 45% 矿渣的复合胶凝材料

化浆体 3d 龄期时的 SEM 图片，可以看出掺矿渣粉的复合胶凝材料硬化浆体中水化产物明显增多，未反应的颗粒被更多的水化产物包裹，但其结构比水泥硬化浆体结构疏松。

图 1.1-12 中（a）、（b）是纯水泥，（c）、（d）为掺 45％矿渣粉的胶凝体系硬化浆体 28d 龄期时的 SEM 图片，可以看出无论是水泥硬化浆体还是复合胶凝材料硬化浆体，都生成了大量的水化产物，结构比早龄期变得更加致密，掺矿渣粉的复合胶凝材料硬化浆体中仍存在块状颗粒，其结构比水泥硬化浆体结构疏松。

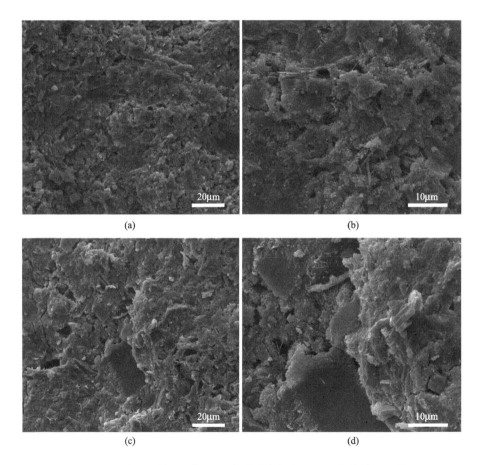

图 1.1-12　水泥和掺 45％矿渣的复合胶凝材料 28d 硬化浆体的电镜图
（a）、（b）100％水泥；（c）、（d）掺 45％矿渣的复合胶凝材料

图 1.1-13 中（a）、（b）是纯水泥，（c）、（d）为掺 45％矿渣粉的胶凝体系硬化浆体 90d 龄期时的 SEM 图片，可以看出浆体结构均非常密实，对比（a）和（c）两组硬化浆体，很难对比它们的密实程度。图（d）中掺矿渣粉

的复合胶凝材料硬化浆体中存在颗粒状物质，但其与周围凝胶之间粘结牢固。

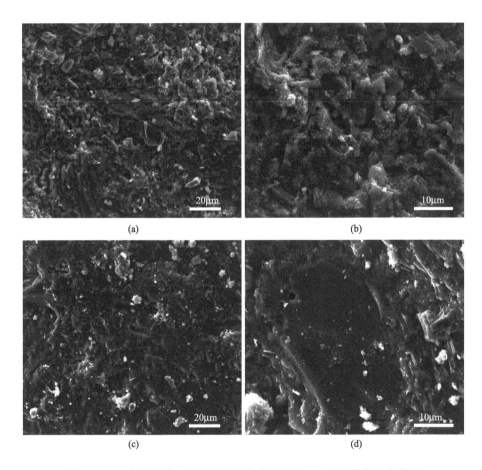

图 1.1-13　水泥和掺 45％矿渣的复合胶凝材料 90d 硬化浆体的电镜图
（a）、（b）100％水泥；（c）、（d）掺 45％矿渣的复合胶凝材料

综合分析各组硬化浆体孔结构及微观形貌可知，随着矿渣掺量的增加，复合胶凝体系硬化浆体早期孔结构变得疏松，表现在大孔比例增加，微观结构相对疏松；但随着龄期的延长，掺矿渣粉复合胶凝体系硬化浆体的孔径得到进一步细化，硬化浆体中无最可几孔径，微观结构也更为致密。

1.1.5　大掺量矿渣混凝土的性能

1. 强度及氯离子渗透性

试验采用设计强度等级为 C30 和 C45 的普通硅酸盐水泥的配合比为基准，进行大掺量 S95 级矿渣粉取代水泥试验，替代量分别为 40％、50％和 60％。

表 1.1-6 是强度等级为 C30 的各组混凝土试件的配合比，纯水泥相对应的试件编号为 C，掺 40％、50％、60％矿渣对应编号为 B1、B2、B3。表 1.1-7 是强度等级为 C30 的各组混凝土试件对应的 28d 和 90d 龄期的抗压强度及电通量测试结果。

强度等级为 C30 的水泥及大掺量矿渣各组混凝土试件的配合比　　表 1.1-6

编号	水胶比	矿渣粉掺量（％）	配合比（kg/m³）				
			水泥	矿渣粉	粗骨料	细骨料	水
C	0.45	0	380	0	970	850	170
B1	0.45	40	228	152	975	845	170
B2	0.43	50	190	190	995	840	165
B3	0.42	60	152	228	1000	830	160

强度等级为 C30 的水泥及大掺量矿渣各组混凝土试件抗压强度及电通量　　表 1.1-7

编号	抗压强度（MPa）		电通量（C）			
	28d	90d	28d	氯离子渗透性等级	90d	氯离子渗透性等级
C	42.4	46.2	3854	中	3247	中
B1	39.4	48.8	1568	低	1241	低
B2	38.7	52.2	1245	低	869	极低
B3	35.5	54.6	1324	低	757	极低

图 1.1-14（a）为强度等级为 C30 的水泥及大掺量矿渣各组混凝土试件对应的 28d 和 90d 龄期的抗压强度。在 28d 龄期时，大掺量矿渣粉的各组混凝土试件抗压强度均略低于纯水泥组，且随着矿渣粉掺量的增加，强度略有降低。这是由于大掺量矿渣微粉的加入，会使混凝土水化反应速率变慢，早期强度比不掺掺合料的基准混凝土的强度低；随着龄期延长至 90d 时，大掺量矿渣粉的各组混凝土试件的抗压强度均高于纯水泥组，反应后期，由于矿渣粉的二次水化，使矿粉混凝土强度进一步得到提升。

图 1.1-14（b）为强度等级为 C30 的水泥及大掺量矿渣各组混凝土试件对应的氯离子渗透性。28d 龄期时，大掺量矿渣粉的各组混凝土试件的电通量均低于纯水泥组，混凝土氯离子渗透性等级均为"低"，而纯水泥组为"中"；到 90d 龄期时，纯水泥组电通量有所降低，但氯离子渗透性等级仍然为"中"，而掺矿渣粉的混凝土试件电通量进一步降低，掺量达到 50％及以上的混凝土试件氯离子渗透性等级达到"极低"。

这主要是由于磨细矿渣粉的火山灰效应和微集料效应。从物理角度分析，掺

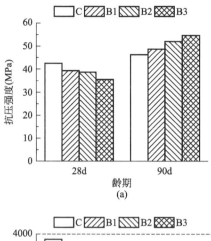

(a)

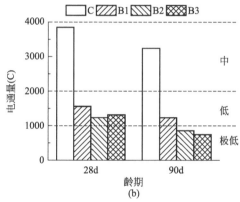

(b)

图 1.1-14　强度等级为 C30 的水泥及大掺量矿渣各组混凝土
试件在 28d 和 90d 龄期对应的抗压强度和氯离子渗透性
(a) 抗压强度；(b) 氯离子渗透性

磨细矿渣粉的混凝土可在后期形成比较致密的结构，而且可通过减小泌水，改善混凝土孔结构和界面结构。微观结构分析结果表明，掺矿渣粉的试样毛细孔减少，孔隙率下降，界面结构显著改善，这均有利于提高混凝土的抗渗性；从化学角度分析，由于混凝土中掺入大量的磨细矿渣粉，减少水泥用量，加上二次水化作用，降低了容易引起腐蚀的 $Ca(OH)_2$ 的含量，抗氯离子渗透性能力明显提高，尤其是长龄期掺磨细矿渣粉的混凝土。

　　表 1.1-8 为强度等级为 C45 的水泥及大掺量矿渣各组混凝土试件的配合比，纯水泥相对应的试件编号为 CC，掺 40%、50%、60% 矿渣对应编号为 BB1、BB2、BB3。表 1.1-9 为强度等级为 C45 的水泥及大掺量矿渣各组混凝土试件对应的 28d 和 90d 龄期的抗压强度及氯离子电通量测试结果。

强度等级为 C45 的水泥及大掺量矿渣各组混凝土试件配合比　　表 1.1-8

编号	水胶比	矿渣粉掺量(%)	配合比(kg/m³)				
			水泥	矿渣粉	粗骨料	细骨料	水
CC	0.36	0	450	0	980	810	160
BB1	0.36	40	270	180	980	810	160
BB2	0.35	50	225	225	982	810	158
BB3	0.34	60	180	270	985	810	153

强度等级为 C45 的水泥及大掺量矿渣各组混凝土试件抗压强度及电通量　　表 1.1-9

编号	抗压强度(MPa)		电通量(C)		
	28d	90d	28d	90d	氯离子渗透性等级
CC	58.2	60.1	2657	2156	中
BB1	56.1	63.1	884	723	极低
BB2	56.8	67.4	812	654	极低
BB3	55.6	68.2	901	681	极低

图 1.1-15(a) 强度等级为 C45 的水泥及大掺量矿渣各组混凝土试件对应的 28d 和 90d 龄期的抗压强度。在 28d 龄期时，大掺量矿渣粉的各组混凝土试件抗压强度均与纯水泥组相当；随着龄期延长至 90d 时，大掺量矿渣粉的各组混凝土试件的抗压强度均高于纯水泥组，且随着矿渣粉掺量的增加，混凝土抗压强度逐渐增加。

图 1.1-15(b) 强度等级为 C45 的水泥及大掺量矿渣各组混凝土试件对应的氯离子渗透性。28d 龄期时，大掺量矿渣粉的各组混凝土试件的电通量均低于纯水泥组，混凝土氯离子渗透性等级均已达到"极低"，而纯水泥组为"中"；到 90d 龄期时，各组混凝土试件的电通量有所降低，但氯离子渗透性等级没有变，纯水泥组氯离子渗透性等级仍然为"中"。

对比 C30 和 C45 两种强度等级的混凝土，大掺量矿渣粉对混凝土抗压强度和抗氯离子渗透性的规律一致。即会略降低混凝土早期抗压强度，但明显改善后期强度，且随着矿渣掺量的增加抗压强度增加，同时，大大提高混凝土抗氯离子渗透能力；随着混凝土强度等级的提升，矿渣粉的加入对抗压强度和抗氯离子渗透能力的提升贡献也随之增加。

2. 抗硫酸盐侵蚀性能

硫酸盐侵蚀破坏是引起混凝土材料失效破坏的主要原因之一。当工业废水、海水及土壤中的 SO_4^{2-} 渗入混凝土内部时，与水泥水化产物反应生成石膏和 AFt 等产物，吸水膨胀使混凝土开裂甚至出现成片脱落现象，破坏了混凝土的整体性，严重影响了混凝土的耐久性能。研究混凝土硫酸盐化学侵蚀的方法主要有

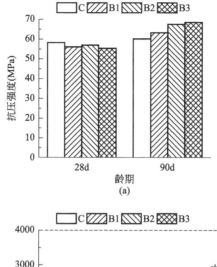

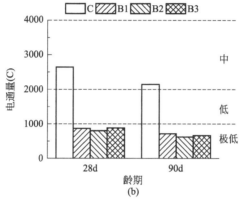

图 1.1-15　强度等级为 C45 的水泥及大掺量各组混凝土试件
在 28d 和 90d 龄期对应的抗压强度和氯离子渗透性
(a) 抗压强度；(b) 氯离子渗透性

现场试验和试验室加速试验两种，由于大多数环境中硫酸盐浓度很低，导致现场试验的方法很费时，本试验采用加速侵蚀的方法即干湿交替循环法。表 1.1-10 中列出强度等级为 C30、C40、C50 的纯水泥混凝土和强度等级为 C30 的大掺量矿渣粉混凝土试件的配合比，并按照以下试验步骤进行干湿循环试验。

根据国标《普通混凝土长期性能和耐久性能试验方法标准》GB/T 50082—2009 中关于抗硫酸盐侵蚀试验的相关规定，成形 100mm×100mm×100mm 的立方体混凝土试块，每组三个试块。具体步骤如下：

（1）混凝土试块养护至 28d，在混凝土养护至设计龄期的前 2d，从养护室取出需进行干湿循环的试件，擦干试件表面并放入烘箱中，在 80±5℃下烘 48h；

（2）试件烘干并冷却后立即放入试件盒（架）中，相邻试件间距应不小于 20mm；

（3）将配好的浓度为 5% 的 Na_2SO_4 溶液倒入试件盒中并使溶液超过最上层试件表面 20mm，开始浸泡，溶液倒入过程不超过 30min；从试件放入溶液中开始计时到结束时间应为 $15\pm0.5h$；另外，应每隔一个月更换一次溶液或每 15 个循环调整溶液 pH 值使其保持在 6~8；

（4）浸泡结束后立即排液，排液不超过 30min，然后将试件风干 30min，整个过程为 1h；

（5）风干结束后立即升温，将温度在 30min 内升至 80℃，并维持在 80 ± 5℃，从升温到冷却的时间为 6h；

（6）烘干结束后立即将试件进行冷却 2h 至室温，完成一次干湿循环，每次干湿循环时间为 $24\pm2h$；

（7）在达到试验设定的干湿循环次数后对试件和相应的对照试件进行抗压强度试验，当试件有严重掉角、剥落等缺陷时，应先用高强度石膏补平后再进行抗压强度试验；

（8）计算抗压损失率：抗压强度损失率 $=(1-f_{cn}/f_{c0})\times100\%$。$f_{cn}$ 为测试经过 n 次干湿循环后的一组混凝土的抗压强度值，f_{c0} 为同一龄期混凝土抗压强度。

不同强度等级的纯水泥混凝土及强度等级为 **C30** 的大掺量矿渣混凝土试件配合比

表 1.1-10

编号	水胶比	矿渣粉掺量(%)	配合比（kg/m³）				
			水泥	矿渣粉	粗骨料	细骨料	水
C30-C100	0.48	0	350	0	1020	800	167
C40-C100	0.39	0	410	0	1050	735	160
C50-C100	0.35	0	460	0	1070	700	157
C30-B40	0.47	40	210	140	1020	800	165
C30-B50	0.43	50	190	190	1030	790	165
C30-B60	0.41	60	180	270	1040	780	165

图 1.1-16 为各组试件干湿循环至 100 次和 140 次后的抗压强度损失率，由图可知，随着纯水泥组强度等级的提升，抗压强度损失率逐渐降低。但强度等级为 C30 的矿渣混凝土抗压强度损失率在经过 100 次干湿循环后均低于强度等级为 C40 的纯水泥混凝土，且在经过 140 次干湿循环后，抗压强度均低于强度等级为 C50 的纯水泥混凝土。可以说明矿渣微粉的加入使得混凝土的抗硫酸盐侵蚀性能得到提高。

这是由于矿渣的稀释效应稀释了水泥，降低了 C_3A 的含量，在硫酸盐侵蚀时可减少化学侵蚀的反应物，从而减少钙矾石的产生，同时也减少了 $Ca(OH)_2$ 的含量，分散了 $Ca(OH)_2$ 的结晶，改善了过渡区的结构；形态效应和微集料填

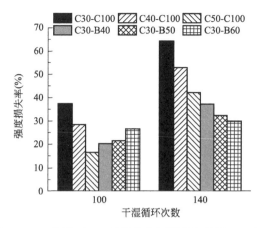

图 1.1-16 养护至 28d 龄期的各组混凝土经过 100 次及
140 次硫酸盐干湿循环后的抗压强度损失率

充效应细化孔结构，增加了水泥基材料的密实度。除此之外，矿渣具有火山灰活性，它的火山灰反应可生成 C-S-H 凝胶。这些作用均有利于水泥基材料抗硫酸盐侵蚀性。

图 1.1-17 为各组混凝土试件经过干湿循环加速试验后的电子照片，可以看出试块表面及棱角均出现一定的破坏。掺矿渣粉的试块表面裂纹较少。

图 1.1-17 各组混凝土试块经过硫酸盐干湿循环后的电子照片（一）

图 1.1-17　各组混凝土试块经过硫酸盐干湿循环后的电子照片（二）

(a)

(b)

图 1.1-18　掺 50％矿渣粉混凝土硫酸盐干湿循环后的电镜图

　　图 1.1-18 为 C30-B50 试件经过硫酸盐侵蚀后的微观形貌图，图 1.1-19 为图 1.1-18 中 1 号、2 号对应位置的能谱图。从图 1.1-18 中可以清晰地看到有大量的钙矾石与硫酸钠晶体同时存在，图 1.1-19 能谱也可进一步说明其化学组成。硫酸钠的结晶与钙矾石生成所产生的膨胀应力造成了混凝土的膨胀、开裂与破坏。

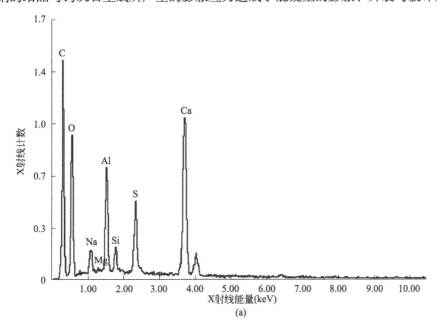

(a)

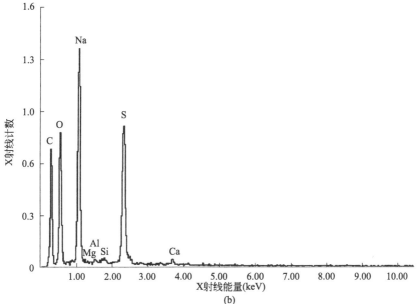

(b)

图 1.1-19　电镜图中标出位置 1 和 2 对应的 EDS 能谱图

（a）位置 1；（b）位置 2

3. 干燥收缩

表 1.1-11 中列出了水胶比为 0.42 和 0.50 时,矿渣粉掺量为 40% 的混凝土干燥收缩配合比,对应编号为 B-0.42 和 B-0.50。这两组配合比用来测试混凝土的干燥收缩,来展现大掺量矿渣粉混凝土的体积稳定性。成形 100mm×100mm×515mm 的长方体混凝土试块,每组三个试块,试块的一端预埋定位螺纹帽。试块在成形 1d 之后拆模,然后按照以下三种不同的养护制度进行养护至 360d:

(1) 湿固化 2d 后将试块放置在温度为 20±1℃、相对湿度为 45%~55% 的养护室内进行干固化;

(2) 湿固化 5d 后将试块放置在温度为 20±1℃、相对湿度为 45%~55% 的养护室内进行干固化;

(3) 湿固化 8d 后将试块放置在温度为 20±1℃、相对湿度为 45%~55% 的养护室内进行干固化。

定期读取千分表的数值,并根据初始长度计算各组混凝土试件 360d 内的干缩值。

掺 40% 矿渣粉混凝土干燥收缩配合比　　　　　　　表 1.1-11

编号	水胶比	矿渣粉掺量(%)	配合比(kg/m³)				
			水泥	矿渣粉	粗骨料	细骨料	水
B-0.42	0.42	40	216	144	1097	763	151
B-0.50	0.50	40	216	144	1097	763	180

图 1.1-20(a) 为水胶比 0.42,矿渣粉掺量为 40% 的混凝土,经过三种不同养护制度养护至 360d 时的干燥收缩曲线,对应编号为 B-0.42-2d、B-0.42-5d 和 B-0.42-8d。图 1.1-20(b) 为水胶比 0.5,矿渣粉掺量为 40% 的混凝土,经过三

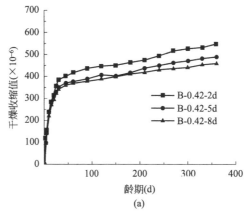

图 1.1-20　大掺量矿渣粉混凝土 360d 内的干燥收缩曲线 (一)

(a) 水胶比 0.42

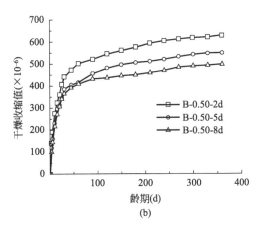

图 1.1-20　大掺量矿渣粉混凝土 360d 内的干燥收缩曲线（二）

(b) 水胶比 0.5

种不同养护制度养护至 360d 时的干燥收缩曲线，对应编号为 B-0.50-2d、B-0.50-5d 和 B-0.50-8d。从图中可以看出，同一水胶比下，早期湿固化时间越长，收缩应变越小；同一氧化条件下，水胶比从 0.42 增大到 0.5，收缩应变明显增大。

这一结论说明，降低水胶比可以提高大掺量矿渣混凝土的体积稳定性，并且早期湿养护时间的延长有利于减小大掺量矿渣混凝土的收缩应变。

1.2　大掺量粉煤灰混凝土

粉煤灰又称飞灰，是由燃煤电厂中磨细煤粉在锅炉中燃烧排放的烟气中收集到的粉状物质。粉煤灰绝大部分颗粒形状为球形，随着近些年燃煤燃烧效率的提高，电厂排放的粉煤灰颗粒粒径较小，70% 以上的粉煤灰颗粒能够通过 200 目筛（75μm）。粉煤灰本是一种排放量大的工业废料，但经过几十年的科学研究和工程实践，证明了粉煤灰是一种性能优良的水泥和混凝土的矿物掺合料，可以加以利用。全球粉煤灰的排放量约 12 亿 t，平均利用率为 60%，其中中国约 7 亿 t，利用率为 68%～70%。

1.2.1　粉煤灰在水泥中的反应机理

1. 粒度分布和形貌

粉煤灰的外观（图 1.2-1）颜色呈灰色的烟灰状，表面光滑，微观形貌是一种以球状颗粒（图 1.2-2）为主的材料，也包含少量的渣状颗粒、钝角颗粒、碎屑和黏聚颗粒。水泥和混凝土中粉煤灰的比表面积通常在 300～400m^2/kg，粉煤灰的颗粒粒径分布在 0.1～100μm（图 1.2-3），其中以粒径在 10～30μm 的颗粒居多。

图 1.2-1 粉煤灰的外观

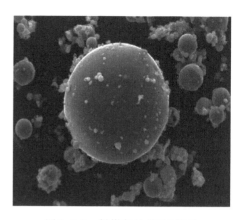

图 1.2-2 粉煤灰的 SEM 图片

2. 化学组成和矿物组成

粉煤灰的化学组成以 Al_2O_3、SiO_2、Fe_3O_4 为主，有些国家的标准中把 $SiO_2 + Al_2O_3 + Fe_2O_3$ 含量作为评定粉煤灰在水泥和混凝土中应用的主要指标，如ASTM 把粉煤灰分成两类：

F 类：$SiO_2 + Al_2O_3 + Fe_2O_3 \geqslant$ 70%，低钙粉煤灰，具有火山灰活性；

C 类：$SiO_2 + Al_2O_3 + Fe_2O_3 \geqslant$ 50%，高钙粉煤灰，具有水硬性。

表 1.2-1 将硅酸盐水泥与 F

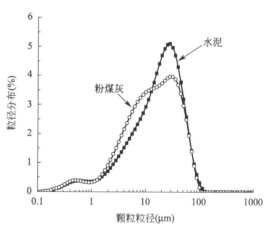

图 1.2-3 粉煤灰与水泥的粒径分布

类粉煤灰的化学成分进行了对比，相对于硅酸盐水泥而言，粉煤灰的化学成分中 Si、Al 含量明显较高，但 Ca 含量非常低。

硅酸盐水泥和 F 类粉煤灰化学成分的对比（%） 表 1.2-1

项目	CaO	SiO_2	Al_2O_3	F_2O_3	MgO	Na_2O	K_2O	SO_3
水泥	62~68	20~24	4~7	2.5~6.5	1~2	0.3~0.8	0.2~0.6	1.5~3.5
粉煤灰	2~7	40~60	15~40	4~20	0.2~5	0.2~1.1	0.5~2.2	0~1.2

玻璃体物质通常是粉煤灰中主要的矿物，占粉煤灰总质量的 60%~90%。粉煤灰中玻璃体主要源自高温条件下煤粉中铝硅质黏土或页岩矿物与产生阳离子改性剂的矿物（如硫酸盐、碳酸盐）之间的反应。粉煤灰的火山灰活性在很大程

度上取决于玻璃体物质的含量和活性。

粉煤灰中的晶体物质主要有莫来石、黄长石、钙黄长石、方镁石、石英、赤铁矿、磁铁矿和碱式硫酸盐等，其中莫来石占的比例最大。莫来石的分子式为 $Al_6Si_2O_{13}$，尽管莫来石中 Al_2O_3 的比例较高，但这种 Al_2O_3 不参与粉煤灰的火山灰反应。粉煤灰中的石英主要源于煤燃烧过程中未与其他物质化合的石英颗粒，值得注意的是，粉煤灰中的石英有近一半是非活性的，因此通过粉煤灰中 SiO_2 含量来估算粉煤灰的火山灰活性是不准确的。

3. 与水泥的反应机理

在掺有粉煤灰的水泥或混凝土中，首先是水泥水化，然后是水泥的水化产物 $Ca(OH)_2$ 与粉煤灰的铝硅玻璃体反应，生成水化硅酸钙和水化铝酸钙等，即粉煤灰的火山灰反应如式(1-1) 和式(1-2) 所示：

$$Ca(OH)_2 + SiO_2 \longrightarrow C\text{-}S\text{-}H \text{ 凝胶} \tag{1-1}$$
$$Ca(OH)_2 + Al_2O_3 \longrightarrow C\text{-}A\text{-}H \text{ 凝胶} \tag{1-2}$$

粉煤灰的火山灰反应对于混凝土的微结构有两个方面的贡献：一是消耗了一部分混凝土中的 $Ca(OH)_2$，改善了混凝土的界面过渡区；二是生成了凝胶，填充混凝土中的孔隙，改善混凝土的孔结构。

4. 水化热

粉煤灰替代部分水泥后，如图 1.2-4 所示，会明显降低胶凝体系早期的放热量以及放热速率，并且随着粉煤灰掺量的增加，降低幅度越明显。粉煤灰的早期活性很低，几乎不反应放热，从而使胶凝体系的放热量与放热速率变低。

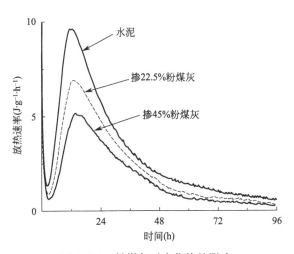

图 1.2-4　粉煤灰对水化热的影响

5. 反应程度

表 1.2-2 和表 1.2-3 分别为 20℃ 和 60℃ 养护温度时，不同掺量粉煤灰在不同

龄期时的反应程度。根据两个表绘制图 1.2-5 与图 1.2-6。从图 1.2-5 中可以看出，在常温养护条件下，粉煤灰的早期活性很低，即使在粉煤灰掺量较低的情况下，7d 反应程度也不超过 8%，在粉煤灰掺量较高的情况下，反应程度就更低了。粉煤灰的后期反应程度也较低，即使到了 360d，粉煤灰的反应程度仍然只在 20% 左右。

对比图 1.2-6，提高养护温度可以明显增大粉煤灰的反应程度，这说明高温可以激发粉煤灰的活性。胶凝体系中粉煤灰掺量越大，粉煤灰反应程度越小。这是因为随着粉煤灰掺量的增加，胶凝体系中水泥的量相对减少，水泥的水化产物氢氧化钙也随之变少，体系中没有足够的氢氧化钙激发粉煤灰反应，使粉煤灰反应程度变低。

粉煤灰反应程度（%）（20℃养护）   表 1.2-2

龄期(d)	掺量为 20%	掺量为 40%	掺量为 60%
1	2.02	1.39	0.85
3	3.57	2.77	1.12
7	7.88	4.83	2.56
28	10.25	8.02	5.04
90	19.27	14.67	11.26
180	20.67	19.56	13.34
360	26.98	23.09	17.68

粉煤灰反应程度（%）（60℃养护）   表 1.2-3

龄期(d)	掺量为 20%	掺量为 40%	掺量为 60%
1	12.53	6.7	3.39
3	13.06	8.47	6.77
7	14.78	8.99	7.83
28	16	10.26	8.02
90	18.26	14.09	14.67
180	24.76	18.88	19.56
360	31.23	26.14	23.09

1.2.2 粉煤灰的相关标准

2017 年我国颁布了国家标准《用于水泥和混凝土中的粉煤灰》GB/T 1596—2017，对粉煤灰的定义为：电厂煤粉炉烟道气体中收集的粉末。该标准中对粉煤灰的细度、需水量、强度活性指数、烧失量以及化学成分中游离氧

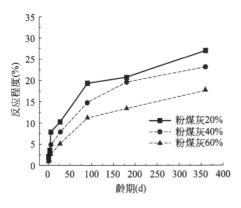

图 1.2-5　粉煤灰反应程度（20℃养护）

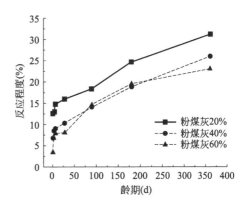

图 1.2-6　粉煤灰反应程度（60℃养护）

化钙和三氧化硫含量均有相关要求。其中评价细度的标准指粉煤灰通过 $45\mu m$ 方孔筛后的筛余量。粉煤灰的细度会直接影响到粉煤灰的活性，通常细度越小粉煤灰的活性越高。评价流动度的标准是，试验胶砂（符合《强度检验用水泥标准样品》GSB 141510—2018 的水泥与粉煤灰 7∶3 混合的样品和符合《中国 ISO 标准砂》GSB 08-1337—2018 的中国 ISO 标准砂 1∶3 混合）与对比胶砂（标准水泥与标准砂 1∶3 混合）的流动度达到 130～140mm 时的加水量之比，流动度损失过大会降低浆体的工作性能。粉煤灰的强度活性指试验胶砂 28d 抗压强度与对比胶砂 28d 抗压强度之比。按照规定强度活性指标应当不小于 70%，否则会对硬化浆体强度造成较大影响。烧失量是指经过 105～110℃烘干失去外在水分的原料，在一定的高温条件下灼烧足够长的时间后失去的质量占原始样品质量的百分比。粉煤灰的烧失量大则含碳量高，碳会吸附外加剂从而会影响到粉煤灰复合浆体的流动性以及外加剂性能。粉煤灰当中的游离氧化钙以及三氧化硫在胶凝材料水化后期易生成氢氧化钙晶体和钙矾石产生膨胀，过大的膨胀会导致在凝结硬化时发生不均匀的体积变化，出现龟裂、弯曲、松脆和崩溃等不安定现象，降低建筑物质量，甚至引起严重的工程事故。游离氧化钙和三氧化硫的含量会影响到粉煤灰的安定性，对粉煤灰安定性的标准规定用雷氏夹沸煮法测定，通过测定试验砂浆（标准水泥与粉煤灰 7∶3 混合）在雷氏夹中沸煮后试针相对移动表征其体积膨胀的程度。粉煤灰标准中规定雷氏夹煮沸后增加距离不大于 5mm。

　　该标准根据煤种种类将粉煤灰分为 F 类（由无烟煤或烟煤煅烧收集的粉煤灰）和 C 类（由褐煤或次烟煤煅烧收集的粉煤灰）。对于 F 类粉煤灰，$SiO_2+Al_2O_3+Fe_2O_3 \geqslant 70\%$。对于 C 类粉煤灰，$SiO_2+Al_2O_3+Fe_2O_3 \geqslant 50\%$。出于安定性考虑，该标准规定游离氧化钙的含量 F 类 $\leqslant 1\%$，C 类 $\leqslant 4\%$，并且规定三氧化硫含量 $\leqslant 3.5\%$。

根据粉煤灰的理化性能，粉煤灰分为Ⅰ、Ⅱ和Ⅲ级，Ⅰ级的理化性能要求最高。细度、需水量、烧失量三个项目决定了粉煤灰理化性能等级。Ⅰ级粉煤灰要求细度≤12%、需水量≤95%、烧失量≤5%。对于Ⅱ级粉煤灰要求细度≤25%、需水量≤105%、烧失量≤8%。对于Ⅲ级粉煤灰要求细度≤45%、需水量≤115%、烧失量≤15%。

1.2.3 砂浆强度

为了得到粉煤灰掺量、养护温度以及水胶比对硬化砂浆抗压强度的影响，按照表1.2-4配合比做了几组对比试验。胶凝体系的粉煤灰掺量分别为0、22.5%和45%。水胶比分别为0.5、0.42和0.34。养护温度为在20±1℃温度下养护，直到测试龄期的标准养护（养护条件A），以及首先在65±1℃温度下养护14d之后，再在20±1℃温度下养护至测试龄期的早期高温养护（养护条件B）。

根据表1.2-5的强度数据，硬化砂浆抗压强度随龄期的变化曲线如图1.2-7～图1.2-12所示。在养护条件A并且水胶比相同的情况下，粉煤灰对浆体的早期强度有一定损失，且掺量越大损失越大，这是由于早期粉煤灰的活性低，几乎不发生反应。对于粉煤灰掺量为22.5%的复合胶凝体系，随着粉煤灰持续地发生火山灰反应，不断细化浆体结构，后期强度逐渐提高，720d时的强度与纯水泥的强度差别不大。但是当粉煤灰掺量达到45%时，即使到720d强度仍然比纯水泥的强度低。这是因为水泥含量过少，导致水泥没有足够的水化产物氢氧化钙激发粉煤灰反应，使粉煤灰的后期反应程度仍然低，使整体水化产物变少，强度变低。相同龄期，水胶比越小，早期和后期的强度越大。但随着水化反应的不断进行，两者强度差距不断减小。这说明减小水胶比可以有效提高掺粉煤灰复合砂浆体系的强度。

在养护条件B下，提高早期养护温度可以明显提高浆体的早期强度，这是因为提高早期养护温度既促进了水泥的水化，又激发粉煤灰反应，所以可以快速提高早期强度，但后期由于胶凝材料水化速度过快表面形成致密的C-S-H凝胶层，阻碍了颗粒水化从而影响后期的强度增长，使得100d后的强度低于标准养护时的强度。

浆体配合比 表1.2-4

样品	配合比（%）		水胶比	养护条件
	水泥	粉煤灰		
MC-0.50	100	0	0.50	A
MF1-0.50	77.5	22.5	0.50	A
MF2-0.50	55	45	0.50	A

续表

样品	配合比（%）		水胶比	养护条件
	水泥	粉煤灰		
MCH-0.50	100	0	0.50	B
MFH1-0.50	77.5	22.5	0.50	B
MFH2-0.50	55	45	0.50	B
MC-0.42	100	0	0.42	A
MF1-0.42	77.5	22.5	0.42	A
MF2-0.42	55	45	0.42	A
MCH-0.42	100	0	0.42	B
MFH1-0.42	77.5	22.5	0.42	B
MFH2-0.42	55	45	0.42	B
MC-0.34	100	0	0.34	A
MF1-0.34	77.5	22.5	0.34	A
MF2-0.34	55	45	0.34	A
MCH-0.34	100	0	0.34	B
MFH1-0.34	77.5	22.5	0.34	B
MFH2-0.34	55	45	0.34	B

砂浆抗压强度（MPa）　　　　　　　　　　　　表 1.2-5

样品	龄期（d）				
	7	28	90	360	720
MC-0.50	39.2	52.6	66.8	77.6	79.4
MF1-0.50	29.3	43.7	58.7	73	78.4
MF2-0.50	19	31	42.4	64.2	72.4
MCH-0.50	53.3	55.7	60.1	73.8	73.2
MFH1-0.50	46.2	47.1	52.4	62.9	68.8
MFH2-0.50	37.1	37.5	38.1	45.2	53.1
MC-0.42	49.2	61.1	70.4	80.2	82.6
MF1-0.42	37.7	43.8	66.9	73.9	80.1
MF2-0.42	24.2	38.6	51.4	70	81.2
MCH-0.42	58.4	62.3	64.6	71.2	70.6
MFH1-0.42	54.5	59.2	61.3	70.1	72.4
MFH2-0.42	42.3	45.2	47.9	61.2	69.3

续表

样品	龄期(d)				
	7	28	90	360	720
MC-0.34	61.7	75.3	84.1	87.2	88.4
MF1-0.34	53.8	67	82.2	83.8	88.3
MF2-0.34	34.5	54.8	64.3	73.6	81.2
MCH-0.34	73.8	78.4	81.2	83.4	83.2
MFH1-0.34	62.3	73.7	77.4	81.6	84.6
MFH2-0.34	55.6	58.6	60.7	71.2	80.1

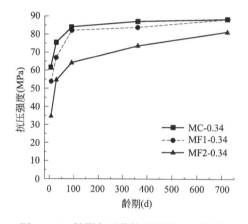

图 1.2-7　粉煤灰对浆体强度影响（常温）

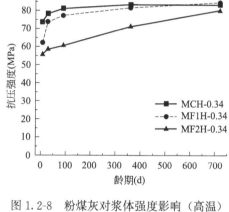

图 1.2-8　粉煤灰对浆体强度影响（高温）

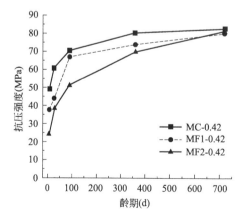

图 1.2-9　粉煤灰对浆体强度影响（常温）

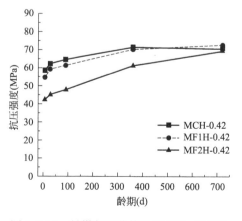

图 1.2-10　粉煤灰对浆体强度影响（高温）

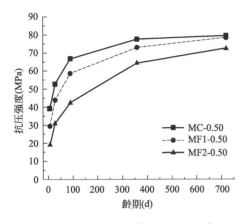

图 1.2-11　粉煤灰对浆体强度影响（常温）

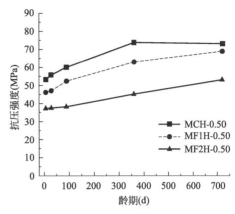

图 1.2-12　粉煤灰对浆体强度影响（高温）

1.2.4　微观结构

1. 微观形貌

图 1.2-13 是含粉煤灰的硬化浆体常温养护下的早期微观形貌，从中可以清晰地看出球形的粉煤灰颗粒表面光滑，几乎未发生火山灰反应，只是表面附着了一些水泥的水化产物，说明粉煤灰早期反应程度很低。图 1.2-14 显示了含粉煤灰硬化浆体的后期微观形貌，粉煤灰颗粒表面已被部分侵蚀，附着了水化产物，说明发生了火山灰反应，但浆体中的粉煤灰颗粒仍只是部分发生了反应，说明常温下粉煤灰后期反应程度仍不高。图 1.2-15 是含粉煤灰的硬化浆体在高温养护下的早期微观形貌，对比常温养护，粉煤灰颗粒表面已明显被侵蚀，发生了火山灰反应，说明高温可以明显激发粉煤灰的火山灰反应。

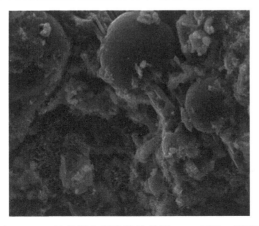

图 1.2-13　掺粉煤灰硬化浆体早期 SEM 图片（常温）

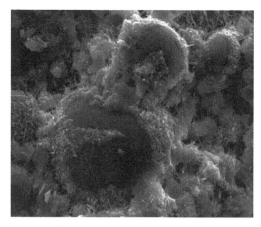

图 1.2-14　掺粉煤灰硬化浆体后期 SEM 图片（常温）

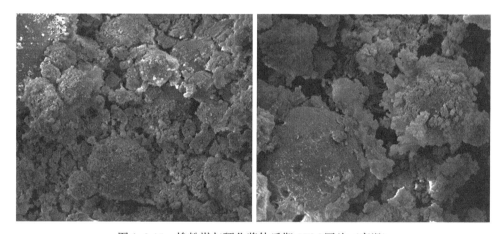

图 1.2-15　掺粉煤灰硬化浆体后期 SEM 图片（高温）

2. 孔结构

孔结构是混凝土微观结构中的重要组成部分，对混凝土的强度及渗透性等宏观性能有重要的影响。水泥和复合胶凝材料的硬化浆体是一个含有固、液、气相的非均质多孔体系，主要含三个类型的孔隙：凝胶孔、毛细孔和气孔。凝胶孔是C-S-H 凝胶颗粒之间互相连通的孔隙，其孔径小于 10nm。毛细孔是由新拌水泥净浆中的水所充满的，而没被水化产物所填充的那部分空间，孔径一般为10nm～10μm。气孔是由不完全密实或残留空气所引起的。吴中伟将孔划分为四级：无害孔（<20nm）、少害孔（20～50nm）、有害孔（50～200nm）和多害孔（>200nm）。许多试验表明，这种孔的分类可以把混凝土的某些宏观性能和孔的分布联系起来。本节将水泥-粉煤灰复合胶凝材料硬化浆体的孔结构与水泥的孔结构进行了对比，研究了粉煤灰对硬化浆体孔结构的影响。

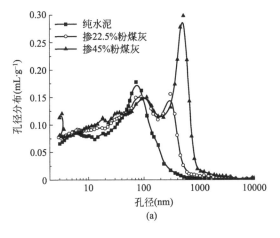

(a)

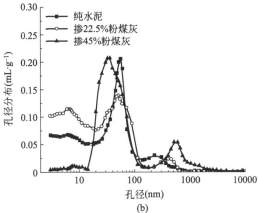

(b)

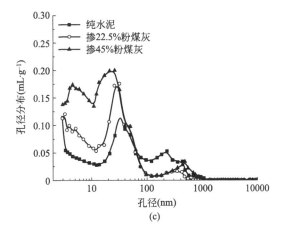

(c)

图 1.2-16　水泥和水泥-粉煤灰复合胶凝材料硬化浆体的孔径分布曲线

（a）水化 3d；（b）水化 90d；（c）水化 360d

水化 3d 时,三种硬化浆体孔结构分布的曲线如图 1.2-16(a) 所示,可见随着粉煤灰掺量的增大,胶凝材料硬化浆体的孔隙率增大。此时三种硬化浆体内都含有大量的有害孔和多害孔。掺入粉煤灰之后,主要是增大了硬化浆体中的多害孔的含量。而且粉煤灰掺量越大,对浆体中多害孔的增多越明显。

水化 90d 时,三种硬化浆体孔结构分布的曲线如图 1.2-16(b) 所示,与 3d 时相比,各硬化浆体的孔隙率都明显降低了,掺 45% 粉煤灰的复合材料最可几孔径甚至小于纯水泥。最大的区别在于大于 200nm 的孔(即多害孔)的含量明显降低。

水化 360d 时,三种硬化浆体孔结构分布的曲线如图 1.2-16(c) 所示。与 90d 时相比,各硬化浆体的孔隙率又进一步降低了,并且掺量越大孔隙率越小,此时三种硬化浆体的最可几孔径相近(约 26nm)。龄期从 90~360d 的阶段,硬化浆体的最可几孔径减小到 26nm,这是使孔隙率降低的原因。

综上可知,随着粉煤灰的掺量增大,胶凝材料硬化浆体早期的孔隙率增大;但随着龄期的增长,复合胶凝材料硬化浆体与水泥硬化浆体的孔隙率之间的差距逐渐缩小,甚至小于纯水泥。粉煤灰早期活性很低,在复合胶凝材料水化的早期主要起物理填充作用,因此水泥-粉煤灰复合胶凝材料浆体疏松,多害孔的数量最多。但是在水化后期,粉煤灰对硬化浆体的孔结构有明显的细化作用。这是因为在水化的后期,粉煤灰的火山灰活性逐渐发挥,生成的凝胶能够使孔隙细化;同时粉煤灰在水化后期还能起到微集料填充的作用。

3. $Ca(OH)_2$ 含量

粉煤灰中的钙含量非常低,其火山灰反应生成 C-S-H 凝胶中的 Ca^{2+} 基本靠水泥水化生成的 $Ca(OH)_2$ 提供,因此粉煤灰的反应对 $Ca(OH)_2$ 的消耗量很大。通过热重法测得 $Ca(OH)_2$ 含量如图 1.2-17 所示,常温养护下粉煤灰掺量分别为 22.5% 和 45% 时,浆体中氢氧化钙的含量。与纯水泥相比,掺粉煤灰的复合材料会明显降低水化产物中氢氧化钙的含量,一方面是因为粉煤灰替代了部分水泥使氢氧化钙产生量减少,另一方面是因为粉煤灰发生火山灰反应消耗掉部分氢氧化钙。为了分析 $Ca(OH)_2$ 含量减少的主要因素,图中画线的值表示纯水泥水化产物中 $Ca(OH)_2$ 的含量乘以复合胶凝材料中相应的水泥含量,它与复合胶凝材料水化产物中氢氧化钙的差值可以近似看作粉煤灰反应消耗的氢氧化钙的量。

常温养护下,90d 时掺 22.5% 的粉煤灰消耗了 1.63% 的 $Ca(OH)_2$,随着龄期的增加,在 720d 时粉煤灰消耗 4.9% 的 $Ca(OH)_2$,这是由于水泥水化速率逐渐变慢,但粉煤灰在后期仍然继续反应,使胶凝体系中的氢氧化钙减少量不断增大。对比掺 45% 的粉煤灰可以看出,粉煤灰掺量越大氢氧化钙的消耗量也越大。

高温养护下,粉煤灰掺量为 22.5% 和 45% 时,浆体中氢氧化钙的含量如

图 1.2-18 所示。水泥-粉煤灰复合胶凝材料的水化产物中 Ca(OH)$_2$ 含量明显降低，并且粉煤灰反应消耗的氢氧化钙量明显增加，因而可以推断高温养护明显激发了粉煤灰的活性从而消耗更多的氢氧化钙。

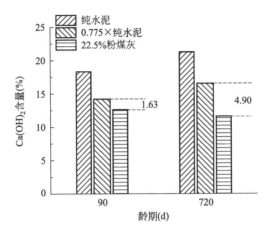

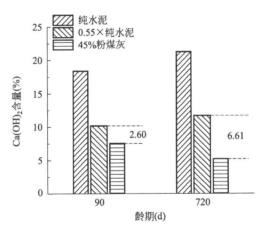

图 1.2-17 矿渣对水化产物中 Ca(OH)$_2$ 含量的影响（W/B＝0.42、养护温度 20℃）

1.2.5 大掺量粉煤灰混凝土的性能

超高层建筑的大体积混凝土底板常采用大掺量矿物掺合料混凝土，粉煤灰目前是混凝土中应用最广泛的矿物掺合料。为了更科学地指导粉煤灰在大体积混凝土中的应用，需深入剖析其在大体积混凝土当中的各方面性能。

1. C35 大掺量粉煤灰混凝土的性能

表 1.2-6 是三组 C35 大掺量粉煤灰混凝土的配合比，其中 F-35、F-40 和 F-45 中粉煤灰掺量分别为 35％、40％ 和 45％，三组混凝土的水胶比为 0.43，

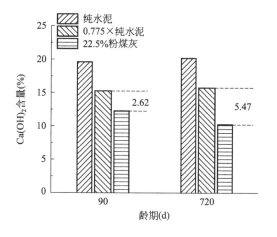

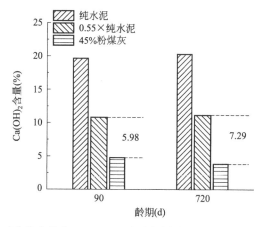

图 1.2-18　矿渣对水化产物中 Ca(OH)$_2$ 含量的影响（$W/B=0.42$、养护温度 65℃）

混凝土强度等级均为 C35。这 3 组混凝土在不同龄期的抗压强度结果如表 1.2-7
所示，三种不同比例的复掺粉煤灰胶凝体系的抗压强度在 60d 时均可以达到
35MPa 的要求，并且粉煤灰掺量越大，后期强度越高，说明粉煤灰可以很好地
改善混凝土后期强度。表 1.2-8 列出了不同粉煤灰掺量下的电通量，根据该表作
图 1.2-19，并根据表 1.2-9 划分了氯离子渗透性等级。需要说明的是，尽管电通
量的大小有所差异，但只要在同一个等级内，就认为混凝土的氯离子渗透性相
近。三组不同粉煤灰掺量的混凝土在 60d 氯离子渗透性等级均可以达到"低"，
而在 90d 时，掺量为 40% 和 50% 粉煤灰混凝土的氯离子渗透性等级达到"很
低"，在 360d 时，三组混凝土的氯离子渗透性等级均达到"很低"。这说明掺入
粉煤灰可以很好地改善混凝土的抗氯离子性能，并且掺量越大改善效果越好。随
着龄期的增长，粉煤灰的火山灰活性进一步发挥，对增强混凝土的抗氯离子渗透
性持续做出贡献。

C35 大掺量粉煤灰混凝土配合比（kg/m³） 表 1.2-6

编号	水泥	粉煤灰	砂	石子	水
F-35	247	133	770	1030	165
F-40	228	152	765	1035	165
F-45	209	171	760	1040	165

C35 大掺量粉煤灰混凝土抗压强度（MPa） 表 1.2-7

编号	60(d)	90(d)	360(d)
F-35	40.2	45.3	48.2
F-40	42.3	46.9	52.1
F-45	41.7	48.2	55.7

C35 大掺量粉煤灰混凝土电通量（C） 表 1.2-8

编号	60(d)	90(d)	360(d)
F-35	1357	1024	896
F-40	1218	972	758
F-45	1495	874	692

电通量与氯离子渗透性等级的关系 表 1.2-9

电通量(C)	氯离子渗透性等级
＞4000	高
2000～4000	中
1000～2000	低
100～1000	很低
＜100	可忽略

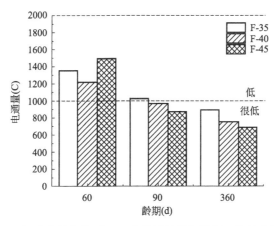

图 1.2-19 标准养护条件下 C35 大掺量粉煤灰混凝土的氯离子渗透性

2. C40 大掺量粉煤灰混凝土的性能

表 1.2-10 是三组 C40 大掺量粉煤灰混凝土的配合比，其中 F-35、F-40 和 F-45 中粉煤灰掺量分别为 35％、40％和 45％，三组混凝土的水胶比为 0.38，混凝土强度等级均为 C40。这 3 组混凝土在不同龄期的抗压强度结果如表 1.2-11 所示，表 1.2-12 列出了不同粉煤灰掺量下的电通量，根据该表作图 1.2-20。强度规律与 C35 混凝土相同，60d 时均可以达到 40MPa 的要求。抗氯离子渗透性比 C35 混凝土效果更好，在 90d 时，三组复掺混凝土的氯离子渗透性等级均可达到"很低"。

C40 大掺量粉煤灰混凝土配合比（kg/m³）　　　　　　　　表 1.2-10

编号	水泥	粉煤灰	砂	石子	水
F-35	273	147	720	1040	163
F-40	252	168	715	1045	163
F-45	231	189	710	1050	163

C40 大掺量粉煤灰混凝土抗压强度（MPa）　　　　　　　　表 1.2-11

编号	60(d)	90(d)	360(d)
F-35	50.1	56.1	59.2
F-40	52.3	57.2	62.6
F-45	49.2	58.3	65.2

C40 大掺量粉煤灰混凝土电通量（C）　　　　　　　　表 1.2-12

编号	60(d)	90(d)	360(d)
F-35	1135	902	821
F-40	985	854	657
F-45	1065	857	568

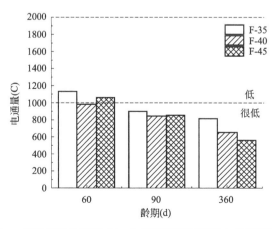

图 1.2-20　标准养护条件下 C40 大掺量粉煤灰混凝土的氯离子渗透性

3. C50 大掺量粉煤灰混凝土的性能

表 1.2-13 是三组 C50 大掺量粉煤灰混凝土的配合比，其中 F-40、F-45 和 F-50 中粉煤灰掺量分别为 40%、45% 和 50%，三组混凝土的水胶比为 0.36，混凝土强度等级均为 C50。这 3 组混凝土在不同龄期的抗压强度结果如表 1.2-14 所示，规律与 C35 混凝土相同，三组复掺混凝土在 60d 时抗压强度也均可达到 50MPa 的要求。C50 大掺量粉煤灰混凝土的绝热温升如表 1.2-15 所示，随着粉煤灰掺量的增加，混凝土的绝热温升逐渐降低，说明大掺量粉煤灰可以有效地降低胶凝体系的放热量。

C50 大掺量粉煤灰混凝土配合（kg/m³）　　　表 1.2-13

编号	水泥	粉煤灰	砂	石子	水
F-40	276	184	685	1045	167
F-45	253	207	680	1050	167
F-50	230	230	675	1055	167

C50 大掺量粉煤灰混凝土抗压强度（MPa）　　　表 1.2-14

编号	60(d)	90(d)	360(d)
F-40	62.6	68.1	70.2
F-45	65.4	72.4	75.6
F-50	63.1	74.6	78.8

C50 大掺量粉煤灰混凝土绝热温升　　　表 1.2-15

编号	60(d)
F-40	48.1℃
F-45	46.2℃
F-50	43.2℃

4. 降低自生收缩

混凝土的自生收缩是指初凝后，由于水泥的水化消耗水分，导致混凝土内部湿度降低，产生自干燥作用，毛细孔内部从饱和向不饱和状态转变，毛细孔水的弯月面产生附加压力，从而引起宏观体积的收缩。很显然，混凝土的自生收缩是与水胶比密切相关的，水胶比越低，混凝土内部产生的自干燥作用越强烈，混凝土的自生收缩越大。现代混凝土的水胶比低只是导致自生收缩增大的一个方面，水泥的细度大，早期水化快，也会导致混凝土的自生收缩大。此外，混凝土结构内部的早期温度往往较高，也加速了水化的进行，增大了自生收缩。值得一提的是，自生收缩是由于胶凝材料的水化反应形成的，且现代混凝土的密实度较高，因此保湿养护对降低混凝土自生收缩的效果非常小。

43

掺粉煤灰对于降低混凝土的自生收缩是有利的，这是因为自生收缩主要发生在混凝土初凝后的几天内（尤其在第 1 天内），而这个阶段粉煤灰的活性远低于水泥，参与反应的程度很低，因而水泥的实际水灰比增大，混凝土内部的自干燥作用降低。图 1.2-21 显示了粉煤灰掺量对混凝土自生收缩的影响规律，很显然，粉煤灰掺量越大，混凝土的自生收缩越小。

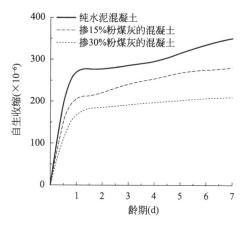

图 1.2-21 粉煤灰对混凝土自生收缩的影响规律（$W/B=0.34$）

5. 典型工程使用大掺量粉煤灰混凝土的配合比

表 1.2-16 列出了一些使用了大掺量粉煤灰的超高层建筑底板的混凝土配合比。

一些超高层建筑底板的混凝土配合比（kg/m³）　　　　　表 1.2-16

工程名称	混凝土强度等级	P·O42.5 水泥	矿物掺合料	砂	石	水
上海环球金融中心	C40/P8	270	70（S95 矿渣粉） 70（Ⅱ级粉煤灰）	780	1040	170
中央电视台新台址	C40/P8	200	196（Ⅰ级粉煤灰）	721	1128	155
国贸三期	C45/P10	230	190（Ⅰ级粉煤灰）	770	1020	165
天津津塔	C40/P10	252	168（Ⅱ级粉煤灰）	799	1059	172
深圳平安金融中心	C40/P12	220	180（Ⅱ级粉煤灰）	771	1027	160
上海中心	C50	200	160（S95 矿渣粉） 80（Ⅱ级粉煤灰）	760	1030	160
中国尊	C50/P12	230	230（Ⅰ级粉煤灰）	650	1060	165
港珠澳大桥拱北隧道	C45	265	66（S95 矿渣粉） 83（Ⅰ级粉煤灰）	759	1092	145
港珠澳大桥预制承台	C45/P33	160	120（S95 矿渣粉） 130（Ⅱ级粉煤灰）	820	1126	135
京沪高速	C45	330	198（Ⅰ级粉煤灰）	806	714	183
象鼻岭水电站大坝	C20/P8	119	97（Ⅱ级粉煤灰）	787	1340	108

1.3　大掺量铜渣粉混凝土

铜渣是火法冶炼铜过程中产生的工业废渣。每生产 1t 精铜约排放 2.2t 铜渣，目前国内铜渣年排放量已超过 2000 万 t。但利用率较低，大量铜渣堆放，占用了土地资源并污染环境。

铜渣的密度通常为 2800～3800kg/m^3，堆积密度为 2300～2600kg/m^3，含水率小于 5%，吸水率为 0.13%～0.55%，导电率为 500μs/cm，莫氏硬度为 6～7，水溶性氯化物少于 50×10^{-6}，洛杉矶磨耗率为 24.1%，内摩擦角为 40°～50°。铜渣的主要化学组成及比例分别为 Fe_2O_3：35%～60%，SiO_2：25%～40%，Al_2O_3：3%～15%，CaO：2%～10%，MgO：0.7%～3.5%，ZnO：0.5%～7%。矿物组成主要为铁橄榄石、磁铁矿、玻璃相等。其中，铁橄榄石呈柱状，晶粒大小不一，结晶良好的铁橄榄石为连续的条柱状晶体，长度可达数毫米，能通过肉眼识别。磁铁矿多呈枝状、针状。

铜渣的冷却方式分为缓冷、自然冷却和水淬冷却三种。缓冷铜渣的结晶良好，结构密实，呈黑色玻璃状外观。随着冷却速度的提高，铜渣中的矿物逐渐分散，颗粒更加细小。水淬冷却后的铜渣玻璃相含量较高，外观棱角分明，表面光滑，孔隙率含量较高，密度较低，吸水率较高，粒径多为 0.075～4.75mm。经水淬冷却并粉磨至规定细度的铜渣粉具有较高的火山灰活性，能够作为混凝土活性矿物掺合料使用。

1.3.1　铜渣粉在水泥中的反应机理

铜渣粉的元素组成如表 1.3-1 所示，铜渣粉中富含大量的 Fe、Si，一定量的

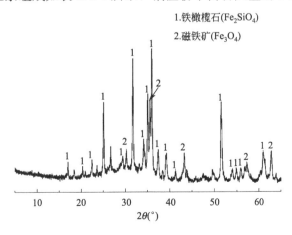

图 1.3-1　铜渣粉的 XRD 图谱

Al，少量的 Ca、Zn、Mg 等元素。XRD 图谱如图 1.3-1 所示，铜渣粉中的矿物主要由铁橄榄石（Fe_2SiO_4）、磁铁矿（Fe_3O_4）和非晶态物质组成。本节所用配合比如表 1.3-2 所示，铜渣粉的掺量为 15%、30%、45%，同时，将掺等量石英粉的复合胶凝材料作为参照。养护方式包括全程 20℃养护（以"-N"表示）及早期（7d）50℃养护后转为 20℃养护（以"-H"表示）。

铜渣粉的元素组成（%） 表 1.3-1

项目	SiO_2	Al_2O_3	Fe_2O_3	CaO	MgO	ZnO	SO_3
铜渣粉	35.24	9.99	42.57	3.20	1.76	2.35	2.58

硬化浆体的配合比（g） 表 1.3-2

编号	水泥	铜渣粉	石英粉	水
C	100	—	—	40
S15	85	15	—	40
Q15	85	—	15	40
S30	70	30	—	40
Q30	70	—	30	40
S45	55	45	—	40
Q45	55	—	45	40

1. 水化热

20℃环境下，水泥与掺铜渣粉、石英粉的复合胶凝材料 72h 内的水化放热速率、放热量分别如图 1.3-2、图 1.3-3 所示。掺入铜渣粉、石英粉后，复合胶凝

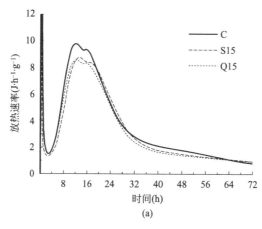

图 1.3-2 20℃下水泥与复合胶凝材料的水化放热速率（一）

（a）掺量为 15%

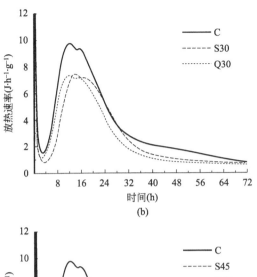

(b)

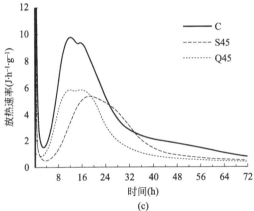

(c)

图 1.3-2　20℃下水泥与复合胶凝材料的水化放热速率（二）

（b）掺量为 30%；（c）掺量为 45%

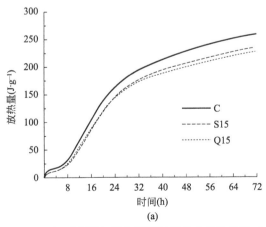

(a)

图 1.3-3　20℃下水泥与复合胶凝材料的水化放热量（一）

（a）掺量为 15%

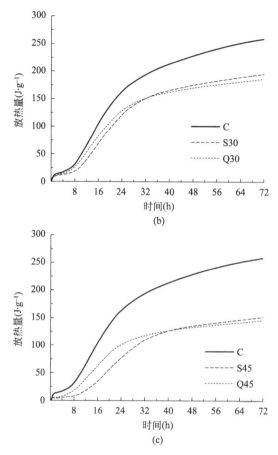

图 1.3-3　20℃下水泥与复合胶凝材料的水化放热量（二）

（b）掺量为 30%；（c）掺量为 45%

材料中水泥的组分减少，第二水化放热峰的峰值降低。随着铜渣粉掺量的增加，复合胶凝材料的诱导期逐渐延长。与纯水泥及掺石英粉的复合胶凝材料相比，掺铜渣粉的复合胶凝材料的第二水化放热峰向右推迟，当掺量为 45% 时，该现象尤其明显。因此，铜渣粉对水泥的水化存在一定的延缓作用，掺铜渣粉的复合胶凝材料初始阶段的放热量低于掺等量石英粉的复合胶凝材料。20℃下，胶凝材料 72h 的水化放热量如表 1.3-3 所示。72h 时，掺 15%、30%、45% 石英粉的复合胶凝材料的放热量分别高于纯水泥放热量的 85%、70% 和 55%，表明石英粉在复合胶凝材料中起到了成核效应和稀释效应，促进了复合胶凝材料中水泥的水化。值得注意的是，尽管铜渣粉对水泥的水化存在延缓作用，但 72h 时掺铜渣粉的复合胶凝材料的水化放热高于掺等量石英粉的复合胶凝材料，铜渣粉的火山灰反应为复合胶凝材料的水化放热做出了贡献。

20℃下，胶凝材料72h的水化放热量（J/g） 　　　表 1.3-3

编号	放热量	C放热量×复合胶凝材料中水泥的百分比
C	258.7	258.7
S15	234.9	219.9
Q15	227.7	
S30	195.2	181.1
Q30	186.6	
S45	150.8	142.3
Q45	145.2	

50℃环境下，水泥与掺铜渣粉、石英粉的复合胶凝材料72h内的水化放热速率、放热量如图1.3-4、图1.3-5所示。高温能够促进水泥、铜渣粉的早期反应，

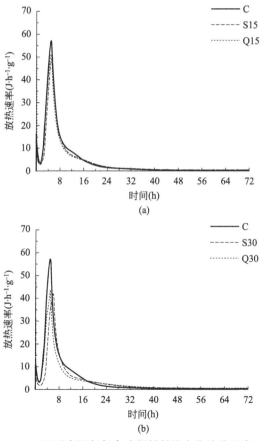

图 1.3-4　50℃下水泥与复合胶凝材料的水化放热速率（一）

（a）掺量为15％；（b）掺量为30％

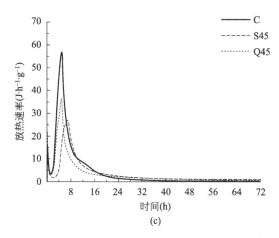

(c)

图 1.3-4　50℃下水泥与复合胶凝材料的水化放热速率（二）

（c）掺量为 45％

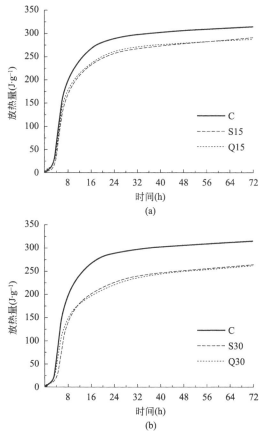

(a)

(b)

图 1.3-5　50℃下水泥与复合胶凝材料的水化放热量（一）

（a）掺量为 15％；（b）掺量为 30％

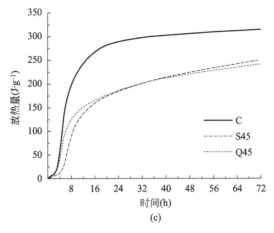

图 1.3-5　50℃下水泥与复合胶凝材料的水化放热量（二）

（c）掺量为 45%

在 50℃环境下，纯水泥、复合胶凝材料的放热速率与放热量均显著提升。铜渣粉在高温下对水泥的水化仍表现出一定的抑制作用，掺铜渣粉的复合胶凝材料的第二放热峰出现的时间晚于纯水泥及掺等量石英粉的复合胶凝材料。50℃下，胶凝材料 72h 的水化放热量如表 1.3-4 所示。72h 时，掺 15%、30%、45% 石英粉的复合胶凝材料的放热量分别显著高于纯水泥组的 85%、70% 和 55%；在 50℃下，石英粉对水泥水化的促进作用得到了加强。掺铜渣粉的复合胶凝材料 72h 的水化放热同样高于掺等量石英粉的复合胶凝材料，再次证实了铜渣粉早期的火山灰反应。

20℃下，胶凝材料 72h 的水化放热量（J/g）　表 1.3-4

编号	放热量	C 放热量 × 复合胶凝材料中水泥的百分比
C	314.6	314.6
S15	290.7	267.4
Q15	288.0	
S30	263.3	220.2
Q30	261.0	
S45	249.7	173.0
Q45	241.2	

2. 热重

28d、60d 龄期时，硬化浆体的 TG/DTG 曲线分别如图 1.3-6、图 1.3-7 所示。从图中可以发现，每条 DTG 在 350～450℃均出现了明显的吸热峰，代表了硬化浆体中晶态水化产物 Ca(OH)$_2$ 的分解。根据相应的质量变化曲线，计算出了各个硬化浆体的 Ca(OH)$_2$ 含量，如表 1.3-5 所示。掺入铜渣粉、石英粉后，复合胶凝材料中水泥的比例降低，因此，掺入铜渣粉、石英粉会降低硬化浆体中的 Ca(OH)$_2$ 含量。在 20℃ 养护下，掺 30% 石英粉的硬化浆体 28d、60d 龄期的 Ca(OH)$_2$ 含量分别为 16.6% 和 16.9%，高于纯水泥组的 70%（13.8% 和 14.6%）。石英粉在硬化浆体中表现出了稀释效应，为水泥水化提供了更多的水分及生长环境，进而提高了水泥的反应程度。值得注意的是，掺 30% 铜渣粉的硬化浆体 28d、60d 龄期的 Ca(OH)$_2$ 含量分别为 14.8% 和 14.9%，低于同龄期掺 30% 石英粉的硬化浆体。表明铜渣粉与水泥水化产生的 Ca(OH)$_2$ 发生了火山灰反应，消耗了 Ca(OH)$_2$ 并产生 C-S-H 凝胶。早期经过 50℃ 养护后，掺 30% 石英粉的硬化浆体 28d、60d 龄期的 Ca(OH)$_2$ 含量分别为 15.2% 和 15.6%，依然显著高于纯水泥的 70%（14.6% 和 15.2%）。但 28d 时，掺 30% 铜渣粉的硬化浆体的 Ca(OH)$_2$ 含量为 13.8%，低于纯水泥的 70%。60d 时，掺 30% 铜渣粉的硬化浆体的 Ca(OH)$_2$ 含量为 13.9%，明显低于纯水泥的 70%。早期高温养护有利于提高铜渣粉的反应活性，促进铜渣粉的火山灰反应。

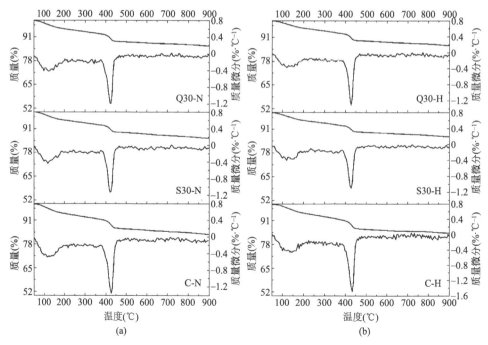

图 1.3-6　28d 龄期时，硬化浆体的 TG/DTG 曲线
（a）全程 20℃ 养护；（b）早期 50℃ 养护

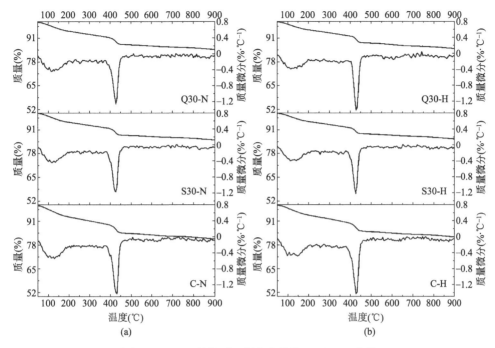

图 1.3-7　60d 龄期时，硬化浆体的 TG/DTG 曲线

（a）全程 20℃养护；（b）早期 50℃养护

硬化浆体中的 Ca(OH)₂ 含量 （%）　　　　　　　　　　表 1.3-5

编号	28d 龄期 Ca(OH)₂ 含量	60d 龄期 Ca(OH)₂ 含量
C-N	19.7	20.8
S30-N	14.8	14.9
Q30-N	16.6	16.9
C-H	20.8	21.7
S30-H	13.8	13.9
Q30-H	15.2	15.6

3. XRD

纯水泥及复合胶凝材料硬化浆体 3d、28d 和 60d 龄期时的 XRD 图谱分别如图 1.3-8～图 1.3-10 所示。与纯水泥硬化浆体相比，掺铜渣粉和石英粉的硬化浆体中出现了新的衍射峰，分别为 Fe_2SiO_4 和 SiO_2，两者均为原材料的组成矿物。因此，与纯水泥相比，掺铜渣粉的复合胶凝材料不会产生新的晶态的水化产物。3d 龄期时，早期经高温养护的硬化浆体的氢氧化钙的特征峰强度明显高于 20℃下养护的硬化浆体。同时，在高温养护下，3d 龄期时硬化浆体中同时出现了 AFt 和 AFm 的衍射峰，而 20℃养护的硬化浆体中只显示出 AFt 的衍射峰，这些结果表明高温养护能够提高纯水泥与复合胶凝材料的水化活性，进而提高反应程度。

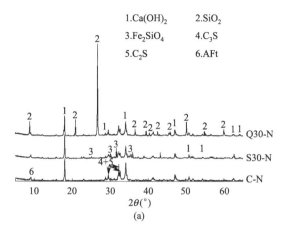

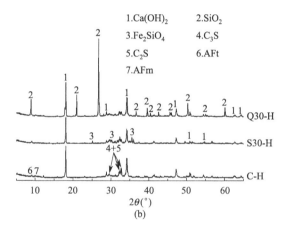

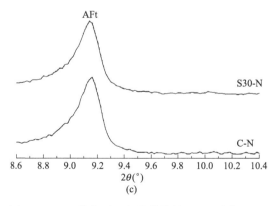

图 1.3-8 3d 龄期时，硬化浆体的 XRD 图谱（一）

（a）、（c）20℃养护

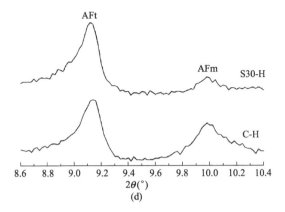

图 1.3-8 3d 龄期时，硬化浆体的 XRD 图谱（二）

（b）、（d）早期 50℃养护

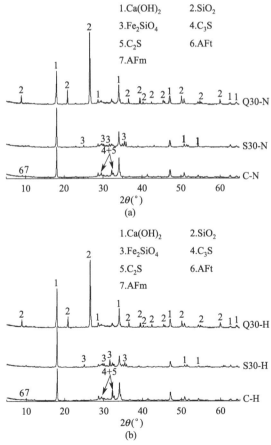

图 1.3-9 28d 龄期时，硬化浆体的 XRD 图谱

（a）20℃养护；（b）早期 50℃养护

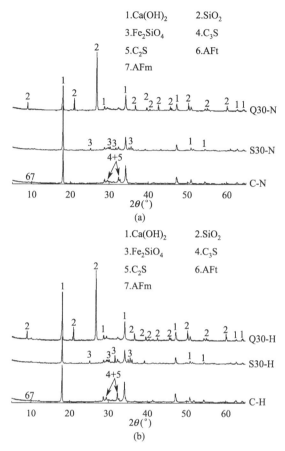

图 1.3-10　60d 龄期时，硬化浆体的 XRD 图谱

（a）20℃养护；（b）早期 50℃养护

4. 化学结合水

硬化浆体的化学结合水含量如图 1.3-11 所示。化学结合水含量代表了水化产物的数量，进而反映纯水泥及复合胶凝材料的水化程度。加入铜渣粉、石英粉后，硬化浆体中水泥的组分减少，因此复合胶凝材料早期的水化程度低于纯水泥。由于铜渣粉对水泥的水化具有延缓作用，因此，掺铜渣粉的复合胶凝材料早期的化学结合水含量低于掺等量石英粉的复合胶凝材料。但由于铜渣粉的火山灰反应，掺铜渣粉的硬化浆体的化学结合水含量具有较高的增长速率。高温能够显著促进水泥及铜渣的水化反应，提高水泥及复合胶凝材料早期的化学结合水含量。20℃下，7d 时，掺铜渣粉的硬化浆体的化学结合水含量明显高于掺等量石英粉的硬化浆体；50℃下，3d 时，掺铜渣粉的硬化浆体的化学结合水含量就已显著高于掺等量石英粉的硬化浆体。

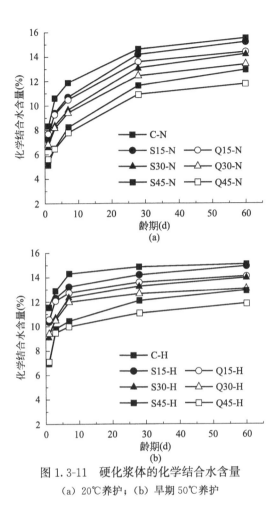

图 1.3-11　硬化浆体的化学结合水含量

（a）20℃养护；（b）早期 50℃养护

1.3.2　铜渣粉的相关标准

2020 年 4 月 15 日，中国建筑材料联合会、中国混凝土与水泥制品协会联合发布了协会标准《混凝土用铜渣粉》T/CBMF 81—2020（T/CCPA 15—2020），于 2020 年 8 月 15 日实施。该标准规定了混凝土用铜渣粉的术语和定义、技术要求、试验方法、检验规则、标志、包装、运输与贮存。技术要求规定了混凝土用铜渣粉的密度、比表面积、流动度比、活性指数、含水量、三氧化硫含量、氯离子含量、烧失量、安定性、放射性、可浸出重金属含量，如表 1.3-6 所示。其中，铜渣粉的流动度比和活性指数分别按式(1-3) 和式(1-4) 计算，结果保留至整数。

$$F = \frac{L}{L_0} \tag{1-3}$$

式中　F——铜渣粉的流动度比（％）；

　　　L——试验胶砂的流动度（mm）；

　　　L_0——对比胶砂的流动度（mm）。

$$A=\frac{R_t}{R_0}\times100 \tag{1-4}$$

式中　A——铜渣粉的活性指数（％）；

　　　R_t——试验胶砂相应龄期的抗压强度（MPa）；

　　　R_0——对比胶砂相应龄期的抗压强度（MPa）。

《混凝土用铜渣粉》T/CBMF 81—2020（T/CCPA 15—2020）中规定的技术要求

表 1.3-6

序号	项目		要求
1	密度(g/cm³)		≥3.7,≤3.85
2	比表面积(m²/kg)		≥450
3	流动度比(%)		≥105
4	活性指数(%)	7d	≥60
		28d	≥75
5	含水量(%)		≤1.0
6	三氧化硫含量(%)		≤3.5
7	氯离子含量(%)		≤0.06
8	烧失量(%)		≤1.0
9	安定性		压蒸膨胀率不大于0.50%ª
10	放射性		满足现行国家标准《建筑材料放射性核素限量》GB 6566的规定
11	可浸出重金属含量(mg/L)	砷	≤0.06
12		铜	≤1.0
13		锌	≤0.8
14		镍	≤0.1
15		铅	≤0.2
ª MgO含量低于5%时无需检验			

1.3.3　铜渣粉对砂浆性能的影响

1. 铜渣粉的安定性及放射性

本节选取五个厂家的铜渣粉，编号分别为 A、B、C、D、E，粉磨至 400目、450 目两种细度（以"400""450"表示）。五组铜渣粉的游离氧化钙含量如表 1.3-7 所示。

游离氧化钙含量　　　　　　　　　　　　表 1.3-7

铜渣粉编号	游离氧化钙含量（%）
A-400	0.18
B-400	0.14
C-400	0.14
D-400	0.18
E-400	0.14

由表 1.3-7 可知，五组铜渣粉的游离氧化钙为 0.14%～0.18%，含量很低，不会对混凝土的安定性产生不良影响。其沸煮安定性与压蒸安定性检测结果分别如表 1.3-8 和表 1.3-9 所示。

沸煮安定性检测结果　　　　　　　　　　表 1.3-8

样品	掺铜渣粉编号	水泥(g)	铜渣粉(g)	按标准稠度用水量(g)	安定性检测				
					A(mm)		C(mm)		C－A(mm)平均值
1	—	200	—	48.8	11.5	11.5	11.5	11.5	0
2	A-400	140	60	45.2	12.0	11.5	12.0	11.5	0
3	B-400	140	60	45.2	11.5	12.0	11.5	12.0	0
4	C-400	140	60	44.8	11.5	12.0	11.5	12.0	0
5	D-400	140	60	45.0	12.0	11.5	12.0	11.5	0
6	E-400	140	60	45.2	11.5	11.5	11.5	11.5	0

压蒸安定性检测结果　　　　　　　　　　表 1.3-9

样品	掺铜渣粉编号	水泥(g)	铜渣粉(g)	按标准稠度用水量(g)	初长 L_0 (mm)		压蒸后长度 L_1 (mm)		压蒸膨胀率（%）
1	—	800	—	195.2	6.27	4.86	6.40	4.99	0.05
2	A-400	560	240	180.8	5.79	4.94	6.00	5.15	0.08
3	B-400	560	240	180.8	4.30	3.12	4.54	3.35	0.09
4	C-400	560	240	179.2	2.24	5.37	2.41	5.55	0.07
5	D-400	560	240	180.0	6.72	7.59	6.90	7.75	0.07
6	E-400	560	240	180.8	5.77	4.56	5.91	4.72	0.06

加入铜渣粉的水泥各组试样的沸煮安定性检测结果均为 0，各组试样的压蒸膨胀率为 0.06%～0.09%，安定性良好。铜渣粉的放射性检测结果如表 1.3-10 所示，5 组铜渣粉的放射性满足《建筑材料放射性核素限量》GB 6566—2010 的要求。

放射性检测结果　　　　　　　　　　　表 1.3-10

样品	掺铜渣粉编号	内照射指数	外照射指数
1	A-400	0.727	0.554
2	B-400	0.531	0.476
3	C-400	0.721	0.552
4	D-400	0.430	0.437
5	E-400	0.550	0.483

2. 对砂浆流动度的影响

砂浆流动度、强度所用配合比如表 1.3-11 所示，流动度比结果如表 1.3-12 所示。铜渣粉的吸水性较低，加入铜渣粉后，砂浆的流动度比为 106%～108%，铜渣粉能够提高水泥砂浆的流动度 5% 以上。

水泥砂浆的配合比　　　　　　　　　　表 1.3-11

配合比	铜渣粉编号	水泥(g)	铜渣粉(g)	标准砂(g)	加水量(mL)
1	—	450	—	1350	225
2	A-400	315	135	1350	225
3	A-450	315	135	1350	225
4	B-400	315	135	1350	225
5	B-450	315	135	1350	225
6	C-400	315	135	1350	225
7	C-450	315	135	1350	225
8	D-400	315	135	1350	225
9	D-450	315	135	1350	225
10	E-400	315	135	1350	225
11	E-450	315	135	1350	225

水泥砂浆的流动度比　　　　　　　　　　表 1.3-12

配合比	铜渣粉编号	流动度比(%)	配合比	铜渣粉编号	流动度比(%)
1	—	100	7	C-450	107
2	A-400	107	8	D-400	106
3	A-450	107	9	D-450	106
4	B-400	107	10	E-400	107
5	B-450	107	11	E-450	107
6	C-400	108			

3. 对砂浆强度的影响

铜渣粉对砂浆 28d、90d 龄期抗压强度的影响分别如图 1.3-12 所示。掺入铜渣粉后，砂浆中水泥的组分减少，28d 龄期时，掺 30％铜渣粉的砂浆抗压强度约为纯水泥组抗压强度的 60％，其中有 6 组掺铜渣粉砂浆的抗压强度高于纯水泥砂浆抗压强度的 60％。90d 龄期时，掺 30％铜渣粉的砂浆抗压强度约为纯水泥砂浆抗压强度的 75％，有 5 组掺铜渣粉砂浆的抗压强度高于纯水泥砂浆抗压强度的 75％。

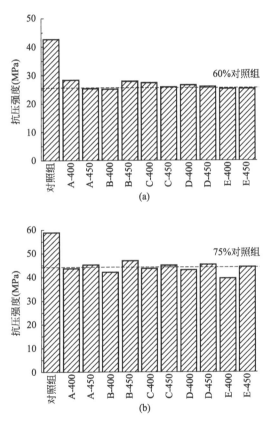

图 1.3-12　铜渣粉对砂浆抗压强度的影响
（a）28d 龄期；（b）90d 龄期

1.3.4　大掺量铜渣粉混凝土的性能

本节所用混凝土配合比如表 1.3-13 所示，铜渣粉的掺量为 30％、35％和 40％，水胶比为 0.4、0.35 和 0.32。养护方式包括标准条件养护及温度匹配（根据绝热温升曲线）养护。

混凝土的配合比（kg/m³）   表 1.3-13

编号	水泥	铜渣粉	砂	石	水	减水剂
C	380	0	803	1065	152	8.8
S30	266	114	825	1043	152	8.6
S35	247	133	830	1038	152	8.6
S40	228	152	835	1033	152	8.6
S30(0.35)	266	114	832	1055	133	8.7
S35(0.35)	247	133	837	1050	133	8.7
S40(0.35)	228	152	842	1045	133	8.7
S40(0.32)	228	152	746	1052	122	8.8

1. 坍落度

铜渣粉对混凝土坍落度的影响如表 1.3-14 所示，所有混凝土试件的坍落度为 179～194mm。铜渣粉颗粒具有较低的吸水率，随着铜渣粉掺量的增加，混凝土中的实际水灰比增加。因此，加入铜渣粉后，混凝土的坍落度增加。此外，在相同的铜渣粉掺量下，水胶比从 0.4 降低至 0.35 和 0.32 时，混凝土的坍落度并未显著降低。

铜渣粉对混凝土坍落度的影响   表 1.3-14

编号	坍落度(cm)	编号	坍落度(cm)
C	18.2	S30(0.35)	17.9
S30	18.7	S35(0.35)	18.5
S35	18.4	S40(0.35)	19.3
S40	19.2	S40(0.32)	19.4

2. 标准养护下的抗压强度

在标准养护条件下，28d 龄期时，铜渣粉对混凝土抗压强度的影响如图 1.3-13 所示。当水胶比为 0.4 时，掺入铜渣粉后，混凝土中水泥的组分减少，

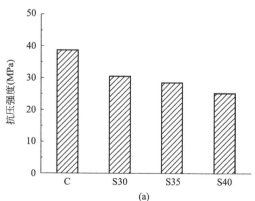

(a)

图 1.3-13　28d 龄期时，铜渣粉对混凝土抗压强度的影响（一）

（a）水胶比 0.4

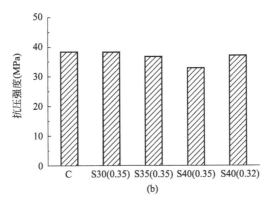

图 1.3-13　28d 龄期时，铜渣粉对混凝土抗压强度的影响（二）

（b）降低水胶比

导致混凝土的强度降低。随着铜渣粉掺量的增加，混凝土强度降低更加明显。对于掺铜渣粉的混凝土，在掺量不变的条件下，随着水胶比降低，体系中自由水含量减少，有利于降低混凝土内部的孔隙率，进而混凝土的抗压强度升高。当铜渣粉掺量为 30％和 35％时，水灰比降低至 0.35 后，其混凝土强度能够达到纯水泥混凝土的强度。当铜渣粉掺量为 40％时，水胶比降低至 0.32 后，其强度能够达到纯水泥混凝土的强度。因此，适当降低水胶比能够消除铜渣粉对混凝土强度的不利影响。

3. 氯离子渗透性

混凝土的抗氯离子渗透性是耐久性的重要指标之一。在标准养护条件下，28d 龄期时，铜渣粉对混凝土的氯离子渗透性的影响如表 1.3-15 所示。当水胶比为 0.4 时，纯水泥混凝土的电通量为 2000～4000C，氯离子渗透性等级为"中"；掺入铜渣粉后，混凝土的电通量高于 4000C，氯离子渗透性等级为"高"，铜渣粉会降低混凝土的抗氯离子渗透性。但当水胶比降低至 0.35 和 0.32 时，所有掺铜渣粉混凝土的电通量均为 2000～4000C，氯离子渗透性等级为"中"。因此，降低水胶比有利于提高掺铜渣粉混凝土的抗氯离子渗透性，能够消除铜渣粉对混凝土抗氯离子渗透性的不利影响。

28d 龄期时，铜渣粉对混凝土氯离子渗透性的影响　　　　　表 1.3-15

编号	电通量(C)	氯离子渗透性等级
C	3214	中
S30	4869	高
S35	4679	高
S40	5336	高

编号	电通量(C)	氯离子渗透性等级
S30(0.35)	2896	中
S35(0.35)	3285	中
S40(0.35)	3869	中
S40(0.32)	3155	中

4. 绝热温升

混凝土的绝热温升能够反映大体积混凝土内部的温度变化，C、S35(0.35)和S40(0.32)三组强度相近的混凝土的绝热温升曲线如图1.3-14所示。掺入铜渣粉后，混凝土中水泥的组分减少，同时，铜渣粉的火山灰反应在早期时比较有限。因此，尽管三组混凝土整体的绝热温升曲线趋势相似，但掺铜渣粉的两组混凝土的绝热温升明显低于纯水泥混凝土。C、S35(0.35)和S40(0.32)三组混凝土

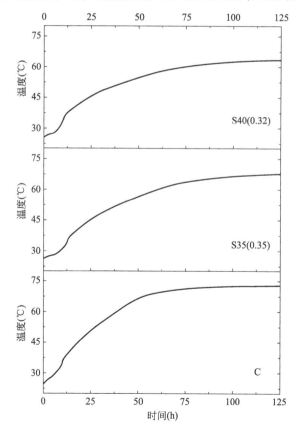

图1.3-14 C、S35(0.35)和S40(0.32)三组混凝土的绝热温升曲线

125h 内的绝热温升值分别为 48.2℃、41.8℃和 38.0℃。掺入铜渣粉能够有效减少大体积混凝土的绝热温升，且掺量越多，降低越显著。因此，铜渣粉能够降低大体积混凝土因温升引发的开裂风险。

5. 温度匹配养护下铜渣粉对混凝土性能的影响

温度匹配养护下，C、S35(0.35)和 S40(0.32)三组混凝土 28d 和 90d 龄期的抗压强度、劈裂抗拉强度分别如图 1.3-15 和图 1.3-16 所示。三组混凝土的抗压强度、劈裂抗拉强度相近，掺铜渣粉的两组混凝土的抗压强度、劈裂抗压强度略高于纯水泥混凝土组，S40(0.32)组表现出了最佳的力学性能。温度匹配养护能够在一定程度上促进铜渣粉的水化反应，改善硬化浆体的孔结构及混凝土的界面过渡区，进而促进掺铜渣粉混凝土的强度发展。此外，适当降低水胶比也有利于提高掺铜渣粉混凝土的抗压强度和劈裂抗拉强度。

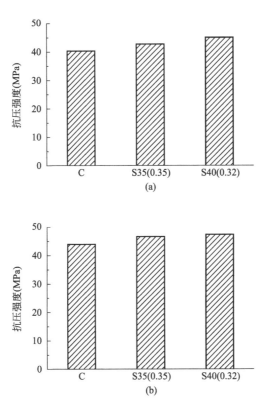

图 1.3-15　温度匹配养护下，C、S35(0.35)和
S40(0.32)三组混凝土的抗压强度
（a）28d 龄期；（b）90d 龄期

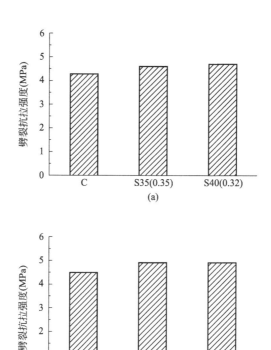

图 1.3-16　温度匹配养护下，C、S35(0.35) 和 S40(0.32) 三组混凝土的劈裂抗拉强度
(a) 28d 龄期；(b) 90d 龄期

　　在温度匹配养护下，C、S35(0.35) 和 S40(0.32) 三组混凝土的氯离子渗透性如表 1.3-16 所示。28d 龄期时，三组混凝土的电通量均为 2000～4000C，氯离子渗透性等级为"中"；但掺铜渣粉的两组混凝土的电通量明显低于纯水泥混凝土。90d 龄期时，掺铜渣粉的混凝土电通量仍明显低于纯水泥混凝土，C 混凝土的氯离子渗透性等级为"中"，而 S40（0.32）混凝土的氯离子渗透性等级为"低"。因此，在温度匹配养护下，掺入铜渣粉并适当降低水胶比能够显著改善混凝土的抗氯离子渗透性。

温度匹配养护下，C、S35(0.35) 和 S40(0.32) 的混凝土氯离子渗透性　表 1.3-16

编号	28d 龄期 电通量(C)	28d 龄期 氯离子渗透性等级	90d 龄期 电通量(C)	90d 龄期 氯离子渗透性等级
C	3657	中	2934	中
S35(0.35)	2854	中	2124	中
S40(0.32)	2531	中	1832	低

1.4 大掺量钢渣粉混凝土

自 1996 年以来，我国原钢产量一直是世界第一，钢渣产量约为原钢产量的 15%～20%，钢渣年产量超 1 亿 t，我国的钢渣以转炉钢渣为主，占所有钢渣产量的 70% 以上。钢渣是炼钢过程中排出的废渣，炼钢是在高温下将原料熔融，分离钢水和杂质，杂质即为钢渣，在炼钢过程中，从原料开始熔化，就有钢渣形成，一直到出钢为止。钢渣主要来源于原料被氧化后生成的氧化物和硫化物、原料中的杂质和被侵蚀的炉衬及补炉材料。由于炼钢的原料不尽相同，导致钢渣的组成也不同，但钢渣组成主要还是以钙、硅、铝和铁氧化物为主，具有与硅酸盐水泥熟料相类似的化学组成。粗放式堆积自然冷却陈化处理钢渣的工艺已弊病百出，使人类生活的环境深受其害，目前国内在钢渣排放之前都会用新型处理工艺对其进行预处理，钢渣新型处理工艺的核心主要是将冷却介质空气和水与刚出炉的钢渣高压充分接触，达到冷却钢渣和优化钢渣品质的目的。这些处理工艺主要包括热闷法、水淬法、风淬法、热泼法和盘泼水冷法。钢渣的热闷是指将刚出炉的钢渣经过转移设备倾倒进热闷罐中进行高压密封热闷，目前国内在对钢渣进行热闷时水蒸气的压力已达到兆帕级别；水淬法的核心是用高压水枪冲击刚出炉的钢渣，使其与水充分接触以冷却钢渣。风淬法的冷却机理和工艺与水淬法相似，但风淬法是将高压空气作为冷却介质。热泼法是渣车将刚出炉的钢渣转移至热泼车间后，均匀摊开，对钢渣进行喷水使其降温，以此类推将剩余的钢渣逐层降温直到结束。盘泼水冷法是将刚出炉的钢渣倾倒入盘中，喷淋加水将其冷却，依据少量多次的原则加水使钢渣逐次降温，喷水结束钢渣温度约为 60℃，再自然冷却至室温。

1.4.1 钢渣粉在水泥中的反应机理

我国钢渣主要由 CaO（40%～50%）、SiO（10%～15%）、Al_2O_3（1%～5%）、MgO（3%～8%）、MnO（1%～6%）和 P_2O_5（1%～3%）及少量 SO_3、V_2O_5 和 Cr_2O_3 等组成，钢渣的化学成分中，CaO 是主要活性成分，通常 CaO 含量越高，钢渣的活性越高。SiO_2 的含量决定了钢渣中硅酸钙矿物的数量。Al_2O_3 在钢渣中形成铝酸钙或者硅铝酸钙玻璃体，对钢渣的活性有利，Al_2O_3 含量越高，钢渣的活性越高。MgO 在钢渣中以三种形式存在：化合态（钙镁橄榄石，镁蔷薇辉石等）、固溶体（RO 相）、游离态（方镁石晶体）。钢渣的高温煅烧过程是化学组分间反应生成矿物相的过程，由于钢渣波动的化学组成，其矿物组成必然也存在差异，但不同的化学组成并不会使钢渣矿物相的种类增加或减少，主要是对各矿物相之间的相对含量有着一定程度的影响。钢渣中的矿物相主要有钙硅相（C_3S 和 C_2S）、钙铁铝相 $[C_2(A，F)_2O_5]$、铁镁锰钙相（RO 相）、钙铁锰相（f-CaO 和 f-MgO）等。钢渣中的主要矿物相是 C_3S 和 C_2S，水泥中的胶凝活性相即是 C_3S 和 C_2S，所以钢渣也具有一定的胶凝活性，与硅酸盐水泥中 CaO（62%～68%）和 SiO_2（20%～24%）相比，两者在钢渣中的含量较低，因此钢渣中硅酸钙的含量低于水泥，从水化活性角度考虑可以认为钢渣是一种低活性水泥。在转炉钢渣中 RO 相的含量仅次于钙硅相和铁钙相，它主要是由于铁液向氧化镁粒子渗透而形成的。RO 相的成分取决于钢渣的碱度。当碱度较低时，RO 相中 FeO 含量较多；当碱度较高时，FeO 含量降低，MgO、MnO 和 CaO 含量增多。多数学者认为 RO 相是非活性的。

根据水泥水化放热速率曲线，纯水泥的水化过程可依次分为五个阶段：诱导前期、诱导期、加速期、减速期和稳定期。诱导前期的放热主要来自水泥颗粒的润湿热、熟料矿物的早期快速溶解以及少量水化产物的快速生成。当水泥加水后就立即发生急剧的化学反应并放出大量的热。早期由于溶解作用，液相 pH 值很快就超过 12，使溶液具有强碱性。诱导期的水化放热速率明显降低，且放热速率在整个诱导期始终维持在较低水平。诱导期的低放热速率是水泥能在几小时内保持塑性的原因。在诱导期内液相离子浓度较高，水泥颗粒溶解速率较低。在诱导期内，C-S-H 处于过饱和状态，但此时 C-S-H 的晶核数量较少，沉淀速率较慢。当晶核积累到一定数量，C-S-H 开始大量沉淀，离子浓度急速降低，水泥颗粒再次快速溶解，进入加速期。目前的研究都认为加速期内的水化速率主要是由 C-S-H 的沉淀速率控制。第二个放热峰之后，水化反应进入减速期。局部生长假说认为早期 C-S-H 的生长主要集中在距离水泥颗粒表面的临界长度的范围内，当 C-S-H 的长度超出该区域则其生长速率显著降低。随着 C-S-H 的不断生长，水泥颗粒逐渐被 C-S-H 完全覆盖，在水泥颗粒表面形成一层水化产物层，此时水泥水化速率主要由水分在水化产物层中的扩散速率控制，进入稳定期。

图 1.4-1 是钢渣粉对水泥水化放热速率的影响。复合胶凝材料的水化放热过程与纯水泥是相似的，水化也经历了五个阶段：复合胶凝材料在加水以后立即出现一个尖锐而短暂的放热峰（该峰值为 30～40J·g^{-1}·h^{-1}），这主要是由颗粒表面润湿和初始反应所致，这个阶段为水化的诱导前期；随后曲线出现与尖锐峰末端相接的低谷，这是水化的诱导期，此时放热速率很低，水化反应相对缓慢；保持一段时间后，水化反应重新加速，进入水化的加速期，到达第二个放热峰的峰顶时，本阶段结束；接下来是水化的减速期，水化放热速率随时间的增加而下降，水化反应逐渐缓慢；最后各水化放热曲线趋于平缓，为水化的稳定期，这时反应速率很低，水化作用基本稳定。

根据图 1.4-1 可知，钢渣掺量对复合胶凝材料水化放热速率的影响规律如下：除第一阶段（诱导前期）外，水化各阶段的水化放热速率均随着钢渣掺量的

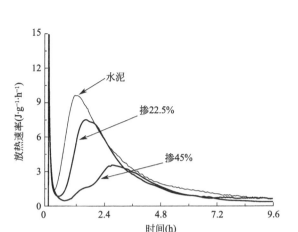

图 1.4-1　钢渣粉对水泥水化放热速率的影响

增大而降低，尤其是水化加速阶段；随着钢渣掺量的增大，复合胶凝材料的水化诱导期延长；随着钢渣掺量的增大，复合胶凝材料的水化第二放热峰出现的时间推迟。钢渣掺入使水泥-钢渣复合胶凝材料的初凝时间延长，这主要是由于钢渣的掺入使复合体系的水化诱导期延长引起的。

　　炼钢是一个氧化除杂的过程，杂质会在炼钢炉中生成钢渣排出。炼钢时主要是添加化学成分为 CaO 的石灰石和白云石等钙质造渣剂进行造渣，而且其用量总是高于理论用量以达到充分除杂的效果，经过一系列高温反应，造渣剂中的氧化钙依然会有部分剩余，其经历高温煅烧最终生成水化活性低的 f-CaO，为钢渣的体积安定性埋下隐患。钢渣中的 f-CaO 除了来自原料中剩余的 CaO 外，还有来自产物中的 C_3S 在降温过程中分解产生的 CaO，这种 f-CaO 的组成较复杂，通常固溶有铁和锰的氧化物。钢渣中的 f-CaO 晶格排列齐整、晶粒缺陷少、晶体发育完整、f-CaO 通常被其他杂质所包裹，f-CaO 与普通 CaO 相比难于水化，CaO 的水化生成 $Ca(OH)_2$ 后体积膨胀率为 98%。炼钢炉的耐火炉衬中含有氧化镁，炼钢过程中由于钢水对炉衬的侵蚀而使钢渣中溶有一定量的氧化镁，部分氧化镁会以 f-MgO 形式存在。MgO 水化生成 $Mg(OH)_2$ 后固相体积膨胀率为 148%。因此钢渣中的 f-MgO 也会为钢渣的体积安定性埋下隐患。由于 f-CaO 和 f-MgO 与钢渣和水泥中的胶凝活性相比水化活性很弱，会在胶凝材料硬化后继续发生水化产生固相体积膨胀，导致硬化的水泥钢渣复合胶凝材料在后期发生开裂，给建筑物带来安全隐患，尤其是 f-MgO 高含量的钢渣安定性问题更甚。

1.4.2　钢渣粉的相关标准

　　我国现行的适用于水泥生产的钢渣标准有：国家标准《钢渣硅酸盐水泥》GB 13590—2006、《钢渣道路水泥》GB 25029—2010、行业标准《用于水泥中的钢渣》YB/T 022—2008、《钢渣砌筑水泥》JC/T 1090—2008 和《低热钢渣硅酸盐水泥》JC/T 1082—2008。

国外学者 Mason 最早定义了钢渣的碱度（M），$M=CaO/(SiO_2+P_2O_5)$，并按碱度对钢渣予以分类，当 $M>2.5$ 时，为高碱度钢渣，$1.8 \leqslant M \leqslant 2.5$ 时，为中碱度钢渣。$M<1.8$ 时，为低碱度钢渣。钢渣碱度能在一定程度上反映钢渣的活性，但钢渣的活性并非随碱度的增大而一直提高，有学者指出当 $3.0 \leqslant M \leqslant 4.5$ 时，钢渣的活性最好。唐明述指出钢渣的碱度决定了主要的矿物相，根据碱度可以将钢渣分为橄榄石渣（低水化活性）、镁硅钙石渣（低水化活性）、硅酸二钙渣（中水化活性）、硅酸三钙渣（高水化活性）。我国颁布的《用于水泥中的钢渣》YB/T 022—2008 规定钢渣的 $CaO/(SiO_2+P_2O_5) \geqslant 1.8$，要求不能使用低碱度渣。

2017 年我国颁布的国家标准《用于水泥和混凝土中的钢渣粉》GB/T 20491—2017 定义钢渣粉为：由符合《用于水泥中的钢渣》YB/T 022—2008 标准规定的转炉或者电炉钢渣，经过磁选除铁后粉磨达到一定细度的产品。这个标准明确了制备钢渣粉不能采用低碱钢渣，这主要是为了保障钢渣粉的活性而设置的要求。该标准规定钢渣粉的比表面积 $\geqslant 350m^2/kg$，根据活性指数将钢渣划分为一级和二级。一级钢渣粉的 7d 和 28d 活性指数分别 $\geqslant 65\%$ 和 $\geqslant 80\%$，二级钢渣的 7d 和 28d 活性指数分别 $\geqslant 55\%$ 和 $\geqslant 65\%$。出于对安定性的考虑，该标准规定 f-CaO 含量 $\leqslant 4.0\%$，且要求沸煮安定性合格，6h 压蒸膨胀率 $\leqslant 0.5\%$。值得注意的是如果钢渣中的 f-MgO 含量 $\leqslant 5\%$，可不检验安定性。

1.4.3 钢渣粉对混凝土性能的影响

1. 抗压强度

将 $W/B=0.45$ 的纯水泥混凝土作为对照组，钢渣粉的掺量为 10%、15%、20%、25%、30%、35%、40%，研究了等水胶比和不同水胶比下普通钢渣粉和细钢渣粉对混凝土强度的影响，钢渣粉的具体性能指标见表 1.4-1 和表 1.4-2，掺钢渣粉的混凝土具体配合比见表 1.4-3 和表 1.4-4。

普通钢渣粉的材料性能   表 1.4-1

比表面积 (m^2/g)	游离 CaO 含量 (%)	MgO 含量 (%)	6h 压蒸膨胀率 (%)	7d 活性指数 (%)	28d 活性指数 (%)
435	1.33	6.01	0.31(合格)	68	83

细钢渣粉的材料性能   表 1.4-2

比表面积 (m^2/g)	游离 CaO 含量(%)	MgO 含量(%)	6h 压蒸膨胀率 (%)	7d 活性指数 (%)	28d 活性指数(%)
584	1.37	6.11	0.38(合格)	77	90

掺普通钢渣粉的混凝土的配合比 表 1.4-3

编号	配合比（kg/m³）						水胶比
	水泥	钢渣粉	砂	石	水	减水剂	
C	340	0	801	1106	153	7.1	0.45
S1	306	34	805	1102	153	7.1	0.45
SS1	306	34	806	1104	150	7.2	0.44
S2	289	51	809	1098	153	7.0	0.45
SS2	289	51	813	1101	146	7.2	0.43
S3	272	68	816	1091	153	7.0	0.45
SS3	272	68	822	1097	141	7.3	0.41
S4	255	85	821	1086	153	6.8	0.45
SS4	255	85	829	1095	136	7.3	0.40
S5	238	102	826	1081	153	6.8	0.45
SS5	238	102	836	1093	131	7.6	0.39
S6	221	119	832	1075	153	6.7	0.45
SS6	221	119	844	1090	126	7.8	0.37
S7	204	136	837	1070	153	6.7	0.45
SS7	204	136	851	1089	120	8.2	0.35

掺细钢渣粉的混凝土的配合比 表 1.4-4

编号	配合比（kg/m³）						水胶比
	水泥	钢渣粉	砂	石	水	减水剂	
C	340	0	801	1106	153	7.1	0.45
FS1	306	34	805	1102	153	7.1	0.45
FS2	289	51	809	1098	153	7.3	0.45
FSS2	289	51	813	1101	146	7.5	0.43
FS3	272	68	816	1091	153	7.3	0.45
FSS3	272	68	822	1097	141	7.6	0.41
FS4	255	85	821	1086	153	7.4	0.45
FSS4	255	85	829	1095	136	7.7	0.40
FS5	238	102	826	1081	153	7.4	0.45
FSS5	238	102	836	1093	131	7.7	0.39
FS6	221	119	832	1075	153	7.4	0.45
FSS6	221	119	844	1090	126	8.1	0.37
FS7	204	136	837	1070	153	7.5	0.45
FSS7	204	136	851	1089	120	8.5	0.35

普通钢渣粉对混凝土 3d、28d 和 90d 抗压强度的影响如图 1.4-2～图 1.4-5 所示。图 1.4-2 和图 1.4-3 显示在水胶比不变的情况下，混凝土的强度随钢渣粉掺量的增大而降低，尤其是大掺量时，早期强度降低更为明显。因此，在混凝土的实际生产中，掺入钢渣粉后要降低水胶比来调整性能。从图 1.4-4 和图 1.4-5 中可以看出，在掺量为 25％以内，比较容易获得与对照组相近的 28d 和 90d 抗压强度，水胶比只需从 0.45 降低至 0.40。当掺量达到 30％时，需要更大幅度降低水胶比，但是尽管如此，混凝土的早期强度明显低于对照组。

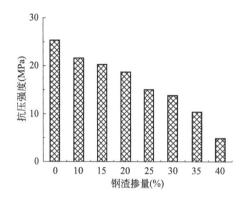

图 1.4-2　水胶比 0.45 时，普通钢渣粉对混凝土 3d 龄期时的抗压强度的影响

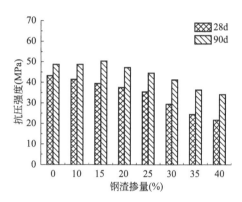

图 1.4-3　水胶比 0.45 时，普通钢渣粉对混凝土 28d 和 90d 龄期时的抗压强度的影响

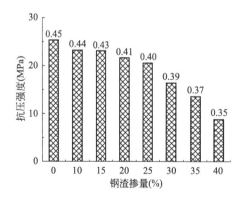

图 1.4-4　不同水胶比时，普通钢渣粉对混凝土 3d 龄期时的抗压强度的影响

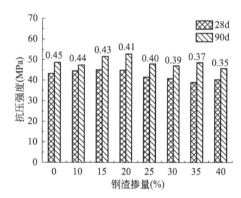

图 1.4-5　不同水胶比时，普通钢渣粉对混凝土 28d 和 90d 龄期时的抗压强度的影响

细钢渣粉对混凝土的 3d、28d 和 90d 龄期时的抗压强度的影响如图 1.4-6～图 1.4-9 所示。从图 1.4-6 和图 1.4-7 中可以看出，在水胶比不变的情况下，在 20％掺量范围内，细钢渣粉都能使混凝土具有比较理想的 28d 和 90d 龄期的抗压强度，但早期强度较低。一方面细钢渣粉具有比较高的活性，另一方面，细小的

颗粒可以填充混凝土的孔隙，对混凝土的孔隙细化有一定的贡献。从图 1.4-8 和图 1.4-9 可以看出，细钢渣粉掺量在 $10\%\sim40\%$ 时，水胶比在 $0.35\sim0.45$，均可以使混凝土的 28d 和 90d 龄期时的抗压强度接近或超过对照组，但是细钢渣粉掺量达到 30% 时，对早期强度降低明显。

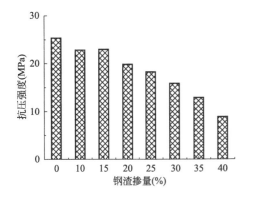

图 1.4-6　水胶比 0.45 时，细钢渣粉对混凝土 3d 龄期时的抗压强度的影响

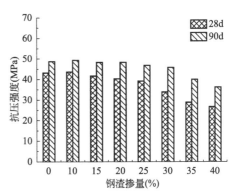

图 1.4-7　水胶比 0.45 时，细钢渣粉对混凝土 28d 和 90d 龄期时的抗压强度的影响

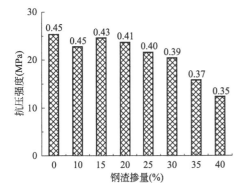

图 1.4-8　不同水胶比时，细钢渣粉对混凝土 3d 龄期时的抗压强度的影响

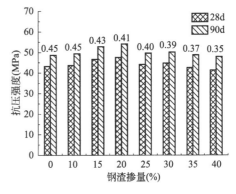

图 1.4-9　不同水胶比时，细钢渣粉对混凝土 28d 和 90d 龄期时的抗压强度的影响

2. 氯离子渗透性

普通钢渣粉对混凝土 28d 和 90d 龄期时的氯离子渗透性的影响如图 1.4-10～图 1.4-13 所示。图 1.4-10 和图 1.4-11 显示等水胶比条件下，混凝土的电通量随普通钢渣粉掺量的增大而增大，普通钢渣粉的掺入会导致混凝土氯离子渗透性增大。从图 1.4-12 和图 1.4-13 中可以看出，在掺量为 25% 范围内，通过适当降低水胶比可以获得与对照组相同等级的 28d 龄期时的氯离子渗透性；但当掺量达到

30%时，通过降低水胶比难以改善氯离子渗透性；掺量达到40%时，尽管水胶比已将降低至0.35，混凝土的氯离子渗透性等级仍高于对照组。龄期为90d时，各组混凝土的氯离子渗透性等级均与对照组相同，说明钢渣混凝土的氯离子渗透性在后期有大幅提升。

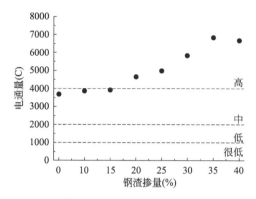

图1.4-10　水胶比0.45时，普通钢渣粉对混凝土28d龄期时的氯离子渗透性的影响

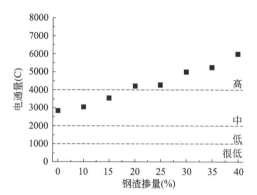

图1.4-11　水胶比0.45时，普通钢渣粉对混凝土90d龄期时的氯离子渗透性的影响

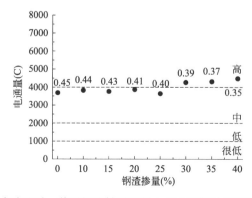

图1.4-12　不同水胶比时，普通钢渣粉对混凝土28d龄期时的氯离子渗透性的影响

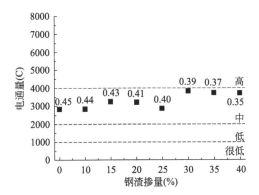

图 1.4-13　不同水胶比时，普通钢渣粉对混凝土 90d 龄期时的氯离子渗透性的影响

细钢渣粉对混凝土 28d 和 90d 龄期时的氯离子渗透性的影响如图 1.4-14～图 1.4-17 所示。从图 1.4-14 和图 1.4-15 中可以看出，在水胶比不变的情况下，钢

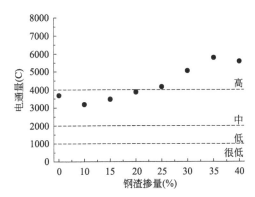

图 1.4-14　水胶比 0.45 时，细钢渣粉对混凝土 28d 龄期时的氯离子渗透性的影响

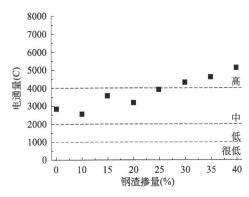

图 1.4-15　水胶比 0.45 时，细钢渣粉对混凝土 90d 龄期时的氯离子渗透性的影响

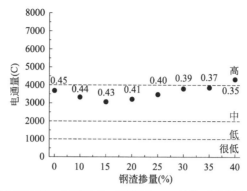

图 1.4-16　不同水胶比时，细钢渣粉对混凝土 28d 龄期时的氯离子渗透性的影响

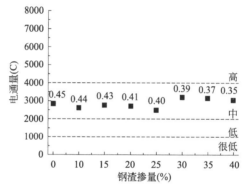

图 1.4-17　不同水胶比时，细钢渣粉对混凝土 90d 龄期时的氯离子渗透性的影响

渣粉在掺量为 20％的范围内，能够使混凝土的 28d 龄期时的氯离子渗透性等级接近对照组，钢渣粉在掺量为 25％的范围内，能够使混凝土的 90d 龄期时的氯离子渗透性等级接近对照组。从图 1.4-16 和图 1.4-17 中可以看出，通过降低水胶比，细钢渣粉掺量在 35％范围内，均可以使混凝土的 28d 龄期时的氯离子渗透性等级与对照组相同，细钢渣粉掺量在 40％范围内，均可以使混凝土的 90d 龄期时的氯离子渗透性等级与对照组相同。

总体而言，对于普通钢渣粉，在掺量为 25％的范围内，通过适当降低水胶比可以比较容易实现与对照组相近的抗压强度和氯离子渗透性等级。对于大掺量的情况，需要大幅度降低水胶比来获得满意的性能，但混凝土的早期强度比较低。细钢渣粉比普通钢渣粉的活性更高，更容易制备满足性能要求的混凝土。

1.4.4　微观结构

1. 硬化浆体孔结构

水泥和水泥-钢渣复合胶凝材料硬化浆体的孔径分布曲线如图 1.4-18～图 1.4-20 所示。在孔径分布曲线中，曲线上的峰值所对应的孔径叫作最可几孔径，即出现概率最大的孔径。用最可几孔径的大小可以反映孔径分布的情况。最可几孔径越大，平均孔径也越大。

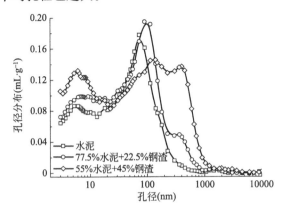

图 1.4-18　水泥和水泥-钢渣复合胶凝材料硬化浆体在 3d 龄期时的孔径分布曲线

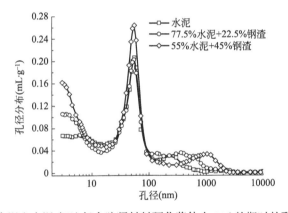

图 1.4-19　水泥和水泥-钢渣复合胶凝材料硬化浆体在 90d 龄期时的孔径分布曲线

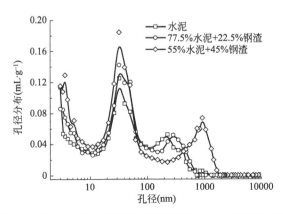

图 1.4-20　水泥和水泥-钢渣复合胶凝材料硬化浆体在 360d 龄期时的孔径分布曲线

从图 1.4-18 可知，水化 3d 时，随着钢渣掺量的增大，水泥和水泥-钢渣复合胶凝材料硬化浆体的孔隙率逐渐增大。此时三种硬化浆体内都含有大量的有害孔和多害孔。随着钢渣掺量的增大，有害孔含量逐渐减小，多害孔含量逐渐增加。很显然，钢渣主要通过增加多害孔含量劣化浆体孔隙分布。而且钢渣掺量越大，浆体中多害孔含量增多越明显。

从图 1.4-19 可知，水化 90d 时，随着钢渣掺量的增大，水泥和水泥-钢渣复合胶凝材料硬化浆体的孔隙率逐渐增大。与 3d 时相比，各硬化浆体的孔隙率都明显降低了，而且复合胶凝材料浆体与水泥浆体的孔隙率之间的差距有所减小。此时三种硬化浆体的最可几孔径几乎相同，都位于 $55\pm2nm$ 处，最大的区别在于大于 200nm 的多害孔的含量不同。

从图 1.4-20 可知，水化 360d 时，随着钢渣掺量的增大，水泥和水泥-钢渣复合胶凝材料硬化浆体的孔隙率逐渐增大。与 90d 时相比，各硬化浆体的孔隙率又进一步降低了，且复合胶凝材料浆体与水泥浆体的孔隙率之间的差距也进一步减小。此时三种硬化浆体的最可几孔径依然相近，都位于 $35\pm3nm$ 处，但大于 200nm 的多害孔的含量有很大不同。龄期从 90～360d 的阶段，硬化浆体的最可几孔径从 55nm 减小到 35nm，这是使孔隙率降低的原因。

综上可知，随着钢渣掺量的增大，胶凝材料硬化浆体的孔隙率增大；但随着龄期的增长，复合胶凝材料硬化浆体与水泥硬化浆体的孔隙率之间的差距逐渐缩小，即钢渣对增大硬化浆体孔隙率的影响随着龄期的增长而减弱。水化后期，水泥-钢渣复合胶凝材料硬化浆体与水泥硬化浆体的最可几孔径很接近，但水泥-钢渣复合胶凝材料硬化浆体的多害孔的含量比水泥硬化浆体多。

2. 微观形貌

当掺量较少时，钢渣及其水化产物被水泥的水化产物所覆盖，用扫描电镜观察水泥-钢渣复合胶凝材料的微观结构时，很难清晰地观察到钢渣对浆体微观结构的影响。因此，用扫描电镜只观察了钢渣掺量为 45％的水泥-钢渣复合胶凝材料的微观形貌。掺 45％钢渣的水泥-钢渣复合胶凝材料硬化浆体在 1d、7d、90d 龄期时的微观形貌图如图 1.4-21～图 1.4-23 所示。

硬化浆体的形貌是用扫描电子显微镜在高真空的条件下观察的，所观察的区域是硬化浆体的断面。图 1.4-21 显示水泥-钢渣复合胶凝材料水化 1d 内会硬化，复合胶凝材料浆体中有大量未水化的钢渣颗粒镶嵌在凝胶中，与凝胶胶结能力差，其结构比水泥的浆体结构疏松。图 1.4-22 显示复合胶凝材料水化 7d 时，水化产物明显增多，未反应的颗粒被更多的水化产物包裹，如图 1.4-22（b）和

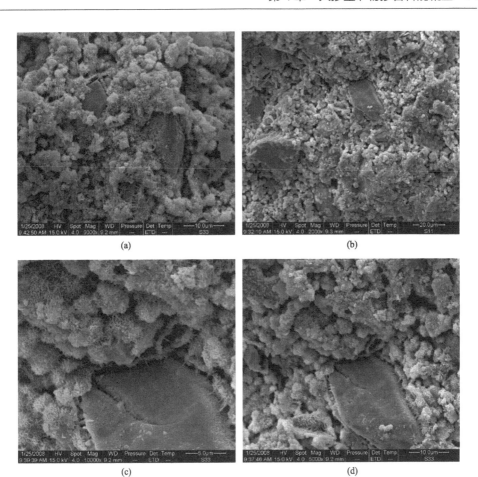

图 1.4-21 掺 45%钢渣的水泥-钢渣复合胶凝材料硬化浆体在 1d 龄期时的微观形貌

图 1.4-22 掺 45%钢渣的水泥-钢渣复合胶凝材料硬化浆体在 7d 龄期时的微观形貌(一)

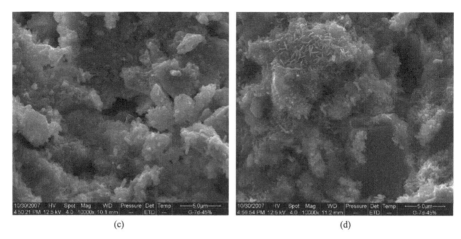

(c)   (d)

图 1.4-22　掺 45% 钢渣的水泥-钢渣复合胶凝材料硬化浆体在 7d 龄期时的微观形貌(二)

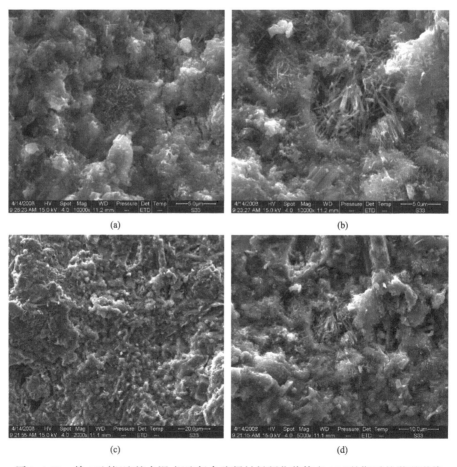

(a)   (b)

(c)   (d)

图 1.4-23　掺 45% 钢渣的水泥-钢渣复合胶凝材料硬化浆体在 90d 龄期时的微观形貌

图 1.4-22(c)所示；而钢渣颗粒外形完整，反应程度低，表面沉积了凝胶状的水化产物，颗粒与周围凝胶之间的连接并不牢固。这些表面光滑且粒径较大的颗粒绝大部分是钢渣中的 RO 相，如图 1.4-22(d)所示。图 1.4-23 显示水化 90d 时，无论是水泥浆体还是复合胶凝材料浆体，都生成了大量的水化产物。水化的早期（1d 和 7d），水泥-钢渣复合胶凝材料硬化浆体的断面可以见到许多凹陷，这些凹陷是在折断硬化浆体时钢渣颗粒从凝胶中被拔出而留下的。随着龄期的增加，水化 90d 后，浆体结构变得密实，但断面仍可见未水化的钢渣颗粒被拔出后留下的凹陷。钢渣中含有较多的 RO 相和 Fe_3O_4 等低水化活性相，因其表面与周围的凝胶粘结不牢固，因此在硬化浆体被折断的过程中，这些未反应的钢渣颗粒从凝胶中被拔出。通过水泥-钢渣复合胶凝材料浆体形貌的观察，可以得出结论：钢渣的掺入会使水泥-钢渣复合胶凝材料凝结时间延长；钢渣的低水化活性使复合胶凝材料硬化浆体（尤其是早期）结构劣化；RO 相等低水化活性相与凝胶之间的胶结能力差，低水化活性相与凝结之间的界面是胶凝体系的薄弱环节。

1.4.5 大掺量钢渣粉混凝土的性能

在 $W/B=0.5$ 条件下，研究了大掺量钢渣粉对不同强度等级混凝土力学性能的影响，钢渣粉比表面积为 346 m^2/kg，其掺量分别为 35%、40% 和 45%，混凝土具体配合比见表 1.4-5 和表 1.4-6。

1. C25 混凝土

大掺量钢渣粉 C25 混凝土的配合比　　　　表 1.4-5

编号	配合比（kg/m³）				
	水泥	钢渣粉	砂	石子	水
S-35	214	115	870	966	167
S-40	197	132	880	957	166
S-45	182	149	885	950	165

钢渣粉对 C25 混凝土抗压强度的影响规律如图 1.4-24 所示。从图中可以看出，随着钢渣掺量的增加，C25 混凝土的 7d 和 28d 龄期时的强度降低，但是 90d 龄期时的强度没有明显降低，这说明大掺量钢渣对混凝土后期抗压强度的不利影响明显减小。这可能是由于两个因素导致的：1）尽管钢渣颗粒的水化产物比水泥颗粒少，但钢渣替代部分水泥对后期硬化浆体孔结构的不利影响相对较小；2）钢渣替代部分水泥后，使水泥水化的实际水胶比变大，在水胶比较大的条件下，水泥颗粒的水化更加充分，水泥对强度的贡献更大，抵消了钢渣对后期

强度的不利影响。

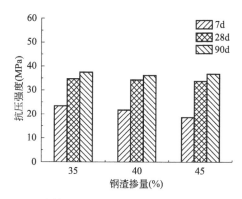

图 1.4-24　大掺量钢渣粉对 C25 混凝土抗压强度的影响

2. C30 混凝土

大掺量钢渣粉 C30 混凝土的配合比　　　　　表 1.4-6

编号	配合比(kg/m³)				
	水泥	钢渣粉	砂	石子	水
S-35	234	126	900	940	168
S-40	216	144	900	940	167
S-45	200	160	900	940	166

钢渣粉对 C30 混凝土抗压强度的影响规律如图 1.4-25 所示。钢渣粉对 C30 混凝土的影响规律与对 C25 混凝土的影响规律相似，不同的是钢渣粉对 C30 混凝土早期强度的影响较小。这说明大掺量钢渣粉对设计强度较高的混凝土的不利

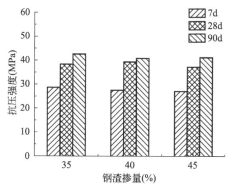

图 1.4-25　大掺量钢渣粉对 C30 混凝土抗压强度的影响

影响较小。

　　总体而言，钢渣掺量较大时，由于钢渣粉水化生成的产物明显小于所替代的水泥水化生成的产物，所以会降低混凝土的早期强度。此外，由于钢渣粉的反应不仅不消耗水泥水化生成的 $Ca(OH)_2$，还会生成少量的 $Ca(OH)_2$，因而不具备火山灰材料改善混凝土界面过渡区的能力。因此可以通过降低水胶比和提高混凝土的设计强度减少大掺量钢渣粉对混凝土强度的不利影响。

第 2 章

超细粉高性能混凝土

2.1 超细矿渣混凝土

矿渣是炼铁过程中排放的一种工业废渣，经水淬并磨细后得到磨细粒化高炉矿渣粉。矿渣的非晶态玻璃体含量很高，我国大型钢铁厂生产的矿渣玻璃体含量均在 90％以上，由于玻璃体具有较高的自由焓，因此矿渣的反应活性很高。超细矿渣是以水淬高炉矿渣为原料，经超细粉磨等工艺处理，达到一定的细度和比表面积要求所得的高细度、高活性粉料。制备过程根据设备与工艺的不同，可分为干式超细粉碎与湿式超细粉碎。中国建筑学会标准《砂浆和混凝土用超细粒化高炉矿渣粉》T/ASC 07—2019 中，规定超细矿渣粉指标要求为粗值粒径 D_{90} 不大于 $15\mu m$，中值粒径 D_{50} 不大于 $5\mu m$。

2.1.1 超细矿渣的反应机理

矿渣超细粉磨的过程不仅是颗粒减小的过程，其中伴随着晶体结构以及表面物理化学性质的变化。这种变化过程在本质上属于机械力化学原理的范畴，即通过机械力效果使得矿物掺合料产生化学反应或物理化学反应，相关理论大体上分为三种：局部碰撞理论、扩散反应理论和摩擦等离子理论。局部碰撞理论认为在物质局部点冲击的瞬间产生高温高压会诱发纳米尺寸的化学反应；扩散反应理论认为固体化学变化的发生，不仅依赖机械力发生作用时的能量增量大小，还依赖环境中物质传播进程的掌控；摩擦等离子理论则认为由机械力诱发的晶体结构变得松弛甚至破裂所引发的含有高能量的电子和等离子区降低了热化学作用所需要的温度条件。各理论主要内容有所区别，但其共同点在于承认在机械能与化学能转变过程中有"热能"的作用，在局部热点处，巨大的能量增量导致固体结构破坏，产生高激发态的固体碎片区。能量在极短的时间内下降，最终以塑性变形的形式存储下来。在此过程中形成的空位、亚结晶等缺陷的累积会逐渐改变固体的晶体结构直到形成非晶态、无定形的状态甚至发生相变。

对于超细矿渣工程应用的研究颇为广泛，过往研究结果表明，超细矿渣水化反应具有如下特点：超细矿渣在后期的水化速度增加较快，到一年长龄期时已接近纯水泥组；超细矿渣早期对氢氧化钙吸收能力强，掺加超细矿渣明显减少浆体内部的氢氧化钙和钙矾石含量，但硅酸三钙与硅酸二钙等水泥熟料矿物的水化基本未受影响；超细矿渣具有很高的水化活性，能显著改善浆体孔结构从而改善水泥的力学性能，提高浆体与骨料之间的粘结强度，此外还具有微量的膨胀效应，有减少混凝土开裂的作用；另外，级配合理的超细矿渣还可以提高混凝土的工作性；由于其潜在活性需要碱激发才能释放出来，超细矿渣具有吸收碱金属离子的能力，从而抑制混凝土的碱骨料反应。

试验中采用 25％和 45％掺量的超细矿渣水泥浆体与纯水泥浆体对照组进行比较，探究超细矿渣反应的特点与机理，配合比如表 2.1-1 所示。

净浆配合比（%）				表 2.1-1
组别	水泥	超细矿渣	水	减水剂
C	1.0	0	0.28	1.0%
S25	0.75	0.25	0.28	1.5%
S45	0.55	0.45	0.28	2.0%

超细矿渣的反应具有如下特点：

（1）对浆体孔结构的改善效果明显

在标准养护 28d 条件下，对照组和超细矿渣水泥浆体的累计孔体积曲线、微分孔体积曲线以及孔隙大小分布如图 2.1-1～图 2.1-3 所示。由结果可知，掺加超细矿渣掺量能改善浆体孔结构，且掺量越多，改善效果越明显。除了总孔隙率的降

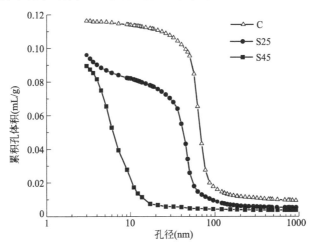

图 2.1-1　标准养护 28d 对照组和超细矿渣水泥浆体累积孔体积曲线

低，S25 组浆体内 4.5～50nm 的孔所占比例显著增加，S45 组浆体内小于 4.5nm 的孔明显增多，且 4.5～50nm 的孔所占比例增加，这种作用一方面来自超细矿渣的高细度、高比表面积所产生的填充效应，另一方面是矿渣自身火山灰效应的体现。

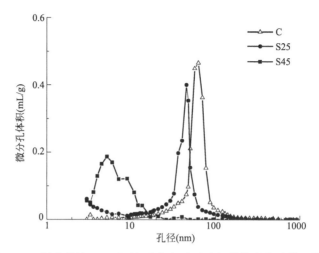

图 2.1-2　标准养护 28d 对照组和超细矿渣水泥浆体微分孔体积曲线

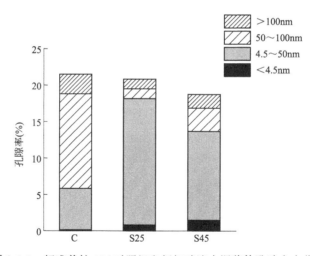

图 2.1-3　标准养护 28d 对照组和超细矿渣水泥浆体孔隙大小分布

标准养护 180d 对照组和超细矿渣水泥浆体的累积孔体积曲线、微分孔体积曲线以及孔隙大小分布如图 2.1-4～图 2.1-6 所示。由结果可知，不同于低龄期浆体，180d 龄期下掺加超细矿渣的水泥浆体孔隙率高于纯水泥浆体，且超细矿渣掺量提高时，浆体的孔隙率也随之提高。可见超细矿渣对于直接改善硬化浆体后期的孔隙率没有明显作用。但从孔隙大小分布来看，掺加超细矿渣的试验组，小于 4.5nm 的小孔、4.5～50nm 的孔所占比例均明显增多，同时 50nm 以上的大孔明显少于纯水泥浆体，依然体现出了超细矿渣的填充效应和火山灰效应所带来的改善硬化浆体孔结构的作用。对于 S25 组，50nm 以上孔的占比很少，对浆体孔结构的改善效果优于 S45 组，说明改善硬化浆体后期微结构需要将超细矿渣掺量控制在一个较合适的水平，过高的掺量会起到负面作用。

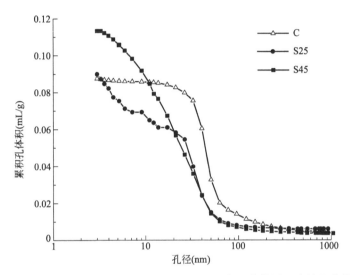

图 2.1-4 标准养护 180d 对照组和超细矿渣水泥浆体累积孔体积曲线

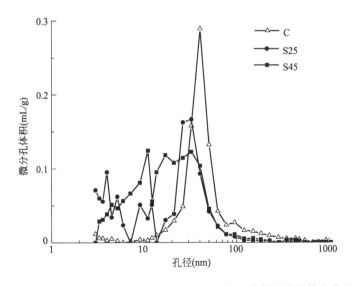

图 2.1-5 标准养护 180d 对照组和超细矿渣水泥浆体微分孔体积曲线

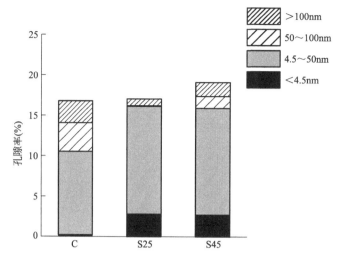

图 2.1-6　标准养护 180d 对照组和超细矿渣水泥浆体孔隙大小分布

（2）超细矿渣能降低浆体内部的氢氧化钙含量

标准养护 14d、28d 和 90d 下分别对于纯水泥浆体和两组掺加超细矿渣的浆体进行热重分析所得的热重曲线及微分曲线如图 2.1-7～图 2.1-9 所示。通过曲线在 400～500℃的下降，可定性分析与定量计算样品中的氢氧化钙含量及反应消耗情况。由图可定性分析，纯水泥浆体在该范围内微分曲线峰值更为突出，而 S25 与 S45 组样品曲线更为平缓，表明氢氧化钙含量较纯水泥浆体更低。为进一步准确分析超细矿渣对水泥水化生成氢氧化钙的消耗情况，可根据 400～500℃的失水含量计算出浆体所含氢氧化钙含量。

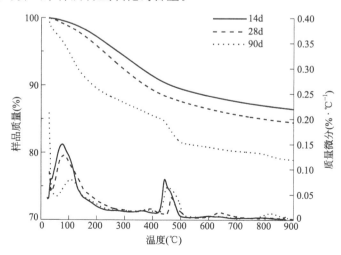

图 2.1-7　标准养护不同龄期对照组水泥浆体的热重曲线

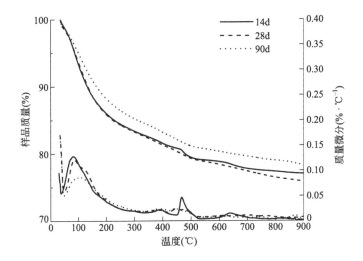

图 2.1-8　标准养护不同龄期 S25 组超细矿渣水泥浆体的热重曲线

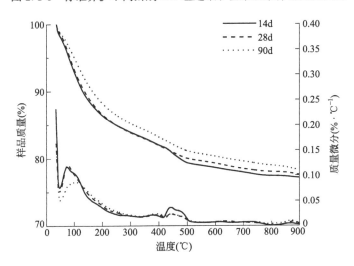

图 2.1-9　标准养护不同龄期 S45 组超细矿渣水泥浆体的热重曲线

氢氧化钙含量结果如图 2.1-10 所示。由结果可知，标准养护时掺加超细矿渣能降低浆体内部的氢氧化钙含量，且掺量越多，降低的幅度越大。这是因为水泥含量降低，水泥水化产生的氢氧化钙含量降低所致；另外超细矿渣的火山灰效应会消耗水泥水化生成的氢氧化钙。随着龄期的增加，S25 组浆体的氢氧化钙含量变化不大，这可能是因为浆体内水泥水化生成的氢氧化钙被超细矿渣的火山灰反应所消耗，而 S45 组浆体的氢氧化钙含量逐渐降低，表明其中超细矿渣消耗的氢氧化钙含量更多，这与超细矿渣的掺量有关。

为了更直观地了解超细矿渣对水泥水化的综合效应，将对照组和超细矿渣水泥浆体单位质量水泥生产的氢氧化钙含量进行比较，如图 2.1-11 所示。由图 2.1-11 可知，14d 时，超细矿渣能提高浆体单位质量水泥的氢氧化钙含量，且掺量越多，提高的幅度越大，表明前期超细矿渣主要促进水泥水化，即稀释效应和成核效应。随着龄期的增长，到了 28d，超细矿渣逐渐降低单位质量水泥水化产生的氢氧化钙含量，且掺量越多，降低幅度越大，表明到后期，超细矿渣的火山灰效应占主导作用，开始消耗水泥水化产生的氢氧化钙。这与标准养护的磨细粉煤灰对水泥水化的作用不同，在 28d，磨细粉煤灰依然对水泥水化起促进作用，而非火山灰效应占主导作用，表明超细矿渣比磨细粉煤灰的活性更高。

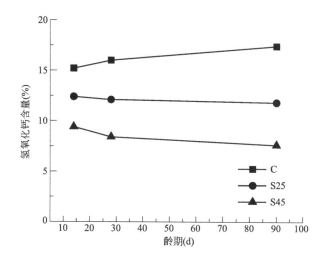

图 2.1-10　标准养护对照组和超细矿渣水泥浆体的氢氧化钙含量

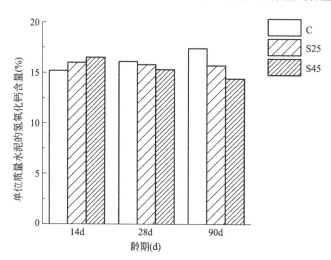

图 2.1-11　标准养护对照组和超细矿渣水泥浆体单位质量水泥的氢氧化钙含量

2.1.2　超细矿渣对砂浆和混凝土性能的影响

1. 水泥胶砂性能

为探究超细矿渣对水泥胶砂性能的影响，试验中采用 3 种不同粒度分布的超细矿渣配制水泥胶砂，表 2.1-2 列出了超细矿渣的粒度指标。试验中对每种超细矿渣采用 10%、20% 和 30% 三种不同的掺量配制超细矿渣水泥胶砂样品，并与纯水泥胶砂对照组进行比较。各水泥胶砂样品配合比如表 2.1-3 所示。

超细矿渣样品粒度分布　　　　　　　　　表 2.1-2

超细矿渣样品	$D_{50}(\mu m)$	$D_{90}(\mu m)$
B	3.2	8.3
C800	4.8	12.7
C1000	2.5	6.7

超细矿渣水泥胶砂配合比　　　　　　　　表 2.1-3

组别	水泥(g)	超细矿渣(g)	标准砂(g)	水(mL)	备注(超细矿渣种类-掺比)
1	450	—	1350	225	对照组
2	405	45	1350	225	B-10%
3	360	90	1350	225	B-20%
4	315	135	1350	225	B-30%
5	405	45	1350	225	C800-10%
6	360	90	1350	225	C800-20%
7	315	135	1350	225	C800-30%
8	405	45	1350	225	C1000-10%
9	360	90	1350	225	C1000-20%
10	315	135	1350	225	C1000-30%

图 2.1-12 是各配合比超细矿渣水泥胶砂的流动度比试验结果。试验结果显示，超细矿渣粉的掺入会在一定程度上降低水泥胶砂的流动性能。三类矿渣中，粒度水平最细的 C1000 矿渣对于水泥胶砂流动性的影响最为明显，浆体流动性随掺量增加而明显下降。对于 B 和 C800 矿渣，随着掺量的增加，流动度比在一定范围内有微小的上升，进一步提升掺量则有明显下降趋势。考虑到标准中对于超细矿渣水泥胶砂的流动度比规定为不小于 95%，本试验中采用 B 和 C800 矿渣的各组别试验均满足标准要求，而 C1000 矿渣对于水泥胶砂流动度比的降低最为明显，在掺量为 20% 及以上时已不满足流动度比要求。

图 2.1-13 和图 2.1-14 是超细矿渣水泥胶砂在 3d 和 28d 龄期时的抗压强度。

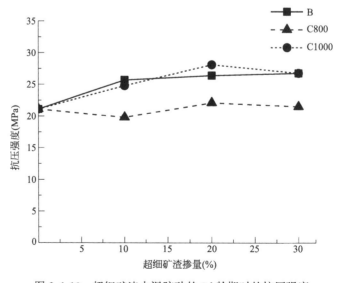

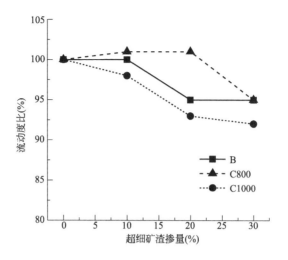

图 2.1-12 超细矿渣水泥胶砂的流动度比

在图 2.1-13 中,掺加 B 和 C800 矿渣的矿渣组别抗压强度随掺量增加在一定范围内波动,而 C1000 矿渣组别的抗压强度呈现随矿渣掺量先增大后减小的稳定趋势,掺量为 20％时达到强度峰值,且强度高于掺加另外两类矿渣的试样。图 2.1-14 中,各组别抗压强度均呈现出随掺量先增后减的较稳定的规律性,其中掺加 B 类矿渣的试样强度水平稍低,另外两类矿渣对于抗压强度的影响水平较为接近。

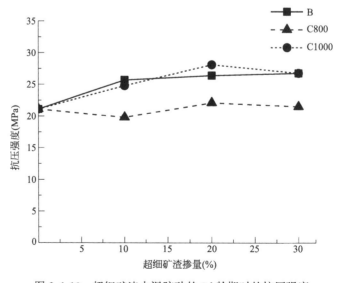

图 2.1-13 超细矿渣水泥胶砂的 3d 龄期时的抗压强度

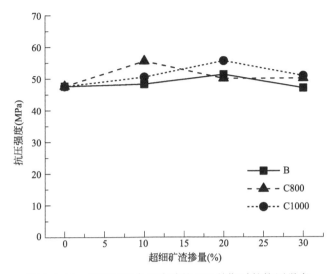

图 2.1-14　超细矿渣水泥胶砂的 28d 龄期时的抗压强度

图 2.1-15 是各配合比超细矿渣水泥胶砂的初凝时间试验结果。试验结果显示，超细矿渣的掺入能够明显减少水泥胶砂的初凝时间，随着矿渣掺量的增加，浆体的初凝时间随之缩减。基于初凝时间结果，为了更加直观表征超细矿渣对于浆体初凝时间的影响程度，表 2.1-4 计算了超细矿渣水泥胶砂相对于对照组的初凝时间比，结果显示，C1000 矿渣对于初凝时间的影响最明显，初凝时间比在掺量为 30％时降至 60％以下。另外两组矿渣对于初凝时间的影响相差不大。考虑到标准中规定超细矿渣水泥净浆初凝时间比不高于 80％，本试验中各组均达到规范要求。

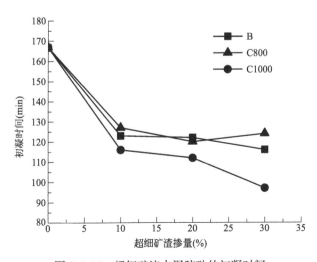

图 2.1-15　超细矿渣水泥胶砂的初凝时间

超细矿渣对水泥胶砂初凝时间的影响 表 2.1-4

项目	B		C800		C1000	
掺量（%）	初凝时间（min）	初凝时间比（%）	初凝时间（min）	初凝时间比（%）	初凝时间（min）	初凝时间比（%）
0	167	100	167	100	167	100
10	123	74	127	76	116	69
20	122	73	120	72	112	67
30	116	69	124	74	97	58

2. 混凝土性能

为探究超细矿渣对混凝土强度、渗透性及绝热温升的影响，在 2.1.1 节的净浆配合比基础上，试验采用相同的超细矿渣掺量设计 3 组混凝土配合比，各组混凝土样品配合比如表 2.1-5 所示。

混凝土配合比（kg/m³） 表 2.1-5

组成	水泥	超细矿渣	水	砂	石	减水剂
C	550	—	154	751	995	5.5
S25	412.5	137.5	154	751	995	8.25
S45	302.5	247.5	154	751	995	11

图 2.1-16 表示标准养护对照组与超细矿渣混凝土的抗压强度，由图可知，在各龄期，随着超细矿渣掺量的增加，混凝土抗压强度略有增长，但差别不大。超细矿渣因为自身的活性较高，在 7d 开始即提高了混凝土的抗压强度。为了更直观地了解超细矿渣对混凝土抗压强度的影响，表 2.1-6 计算了超细矿渣混凝土相对于对照组的强度增长率。由表可知，掺加 45% 超细矿渣更能提高混凝土的强度，随着龄期的增加，增长率先增加后降低，在 28d 时超细矿渣对混凝土强度的贡献最大。

超细矿渣对标准养护混凝土抗压强度的影响 表 2.1-6

项目	C	S25		S45	
龄期	抗压强度（MPa）	抗压强度（MPa）	增长率（%）	抗压强度（MPa）	增长率（%）
7d	72.50	73.9	1.93	74.1	2.21
28d	78.90	80.4	1.90	83.5	5.83
90d	87.20	88.5	1.49	89.5	2.64
180d	90.60	91.0	0.44	92.1	1.66

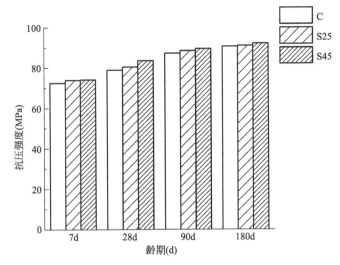

图 2.1-16 标准养护对照组与超细矿渣混凝土的抗压强度

直流电量法是测定混凝土渗透性的一种常用方法，通过测定试件电通量，依据对应关系判断氯离子渗透性等级。电通量与氯离子渗透性等级的关系如表 2.1-7 所示。图 2.1-17 表示标准养护对照组与超细矿渣混凝土在 28d 和 180d 龄期下的氯离子渗透性。由图可知，在各个龄期，混凝土的电通量随着超细矿渣掺量增加而明显下降，氯离子渗透性等级降低，表明超细矿渣的掺入对混凝土抗氯离子渗透性能有明显的改善。这与超细矿渣的填充效用和火山灰效应有关，也是混凝土氯离子渗透性降低的本质原因。与改善硬化浆体微结构的作用相符合。随着混凝土龄期的增加，S25 组降低氯离子渗透性等级的作用不明显，而 S45 组仍具有较为明显的效果，说明在水化后期矿渣仍能较好地改善硬化浆体孔结构，对于混凝土结构抗氯离子渗透性能有明显贡献。

电通量与氯离子渗透性的关系　　　　　　　　　　　表 2.1-7

电通量(C)	氯离子渗透性等级	电通量(C)	氯离子渗透性等级
＞4000	高	100～1000	很低
2000～4000	中	＜100	可忽略
1000～2000	低		

混凝土的绝热温升是指混凝土成形后置于不向周围环境散热的容器内，测得的混凝土内部某一阶段的温度上升，一般来讲，绝热温升能够反映混凝土的温度增长随龄期的变化。图 2.1-18 是标准养护组与试验组在 7d 内的绝热温升曲线。由图可知，超细矿渣掺量在 25％时使得混凝土绝热温升相比对照组有一定程度上升，而掺量达到 45％时，绝热温升有明显下降，水平略低于对照组。说明在

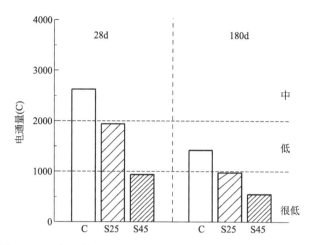

图 2.1-17　标准养护对照组与超细矿渣混凝土的氯离子渗透性

一定的掺量范围内，超细矿渣会造成混凝土绝热温升发展加快，峰值温度升高；而在超细矿渣掺量进一步提高时，混凝土绝热温升的发展速度会有一定放缓，峰值温度也有所下降。因而从控制混凝土绝热温升的角度，需要超细矿渣的掺量达到一个较高的水平。

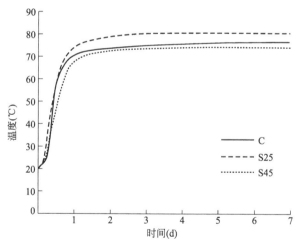

图 2.1-18　标准养护对照组与超细矿渣混凝土的绝热温升曲线

流动性是混凝土最重要的性能之一，流动性与水胶比以及辅助胶凝材料的种类密切相关。由于混凝土或砂浆的流动性能受到集料容积比、系统中颗粒的粒径分布、集料表面结合水的状态以及拌和的环境等诸多复杂因素的影响，因此为了更准确地探究超细矿渣对浆体流动性的影响，采用净浆流变试验评价混凝土的流动性能。净浆试验配合比如表 2.1-8 所示，使用了两种不同细度的超细矿渣 V1

和 V2，其比表面积分别为 $2435m^2/kg$ 和 $3955m^2/kg$。掺量为 $10\%\sim50\%$，水胶比为 0.5。

水泥及掺超细矿渣复合浆体的配合比　　　　　表 2.1-8

编号	水胶比	水泥(%)	超细矿渣粉 V1 掺量(%)	超细矿渣粉 V2 掺量(%)
C0		100		
V1-1		90	10	
V1-2		80	20	
V1-3		70	30	
V1-4		60	40	
V1-5	0.5	50	50	
V2-1		90		10
V2-2		80		20
V2-3		70		30
V2-4		60		40
V2-5		50		50

图 2.1-19 为各组浆体流变测试结果，其中图 2.1-19（a）为纯水泥与掺 $10\%\sim$ 50%超细矿渣 V1 的剪切速率-剪切应力曲线，图 2.1-19（b）为纯水泥与掺 $10\%\sim50\%$超细矿渣 V2 的剪切速率-剪切应力曲线。从图中可以看出，各组浆体的剪切应力与剪切速率呈线性关系，满足宾汉姆模型（$\tau=\tau_0+\eta_p\cdot\gamma$），其中 τ 为剪切应力，τ_0 为屈服应力，η_p 为黏度系数，γ 为剪切速率。

从图 2.1-19 中可以看出，在剪切速率为 $0\sim30s^{-1}$ 掺超细矿渣的浆体的剪切应力大于纯水泥浆体，且随着超细矿渣掺量的增加，剪切应力逐渐增加。对比图 2.1-19（a）和图 2.1-19（b）发现，随着超细矿渣细度的增加，掺超细矿渣 V2 组的浆体剪切应力整体高于掺 V1 的组。

图 2.1-20 为各组浆体对应的屈服应力及黏度系数，从图中可以看出，随着超细矿渣掺量的增加屈服应力和黏度系数均逐渐增大，且在同一掺量下，超细矿渣细度的增加也使屈服应力和黏度系数增大。

以上试验结果表明，掺入超细矿渣会降低浆体的流动性，且超细矿渣颗粒越细降低作用越明显。这是因为，虽然超细矿渣填充了颗粒之间的空隙，提高了堆积密度，释放出更多水，但是由于超细矿渣的比表面积较大，因此摊薄了颗粒表面的"水膜厚度"，从而降低了复合浆体的流动性能。

3. 高强混凝土性能

强度是高强混凝土重要的性能参数之一，试验采用超细矿渣（比表面积为 $3955m^2/kg$）及硅灰（比表面积 $17650m^2/kg$），掺量分别为 10% 和 15%，水胶

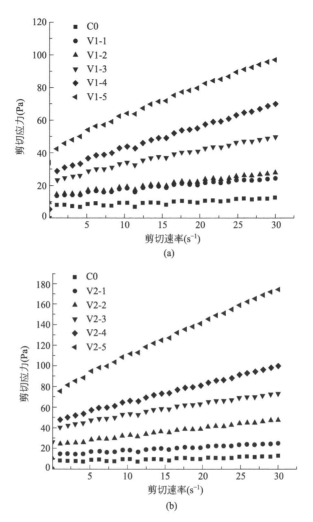

图 2.1-19　纯水泥净浆与掺超细矿渣复合浆体的剪切速率-剪切应力曲线
(a) 10%～50%超细矿渣 V1；(b) 10%～50%超细矿渣 V2

比为 0.25 来制备高强混凝土，探究超细矿渣对高强混凝强度的影响。表 2.1-9
为各组混凝土试件的配合比设计。

掺 10%和 15%超细矿渣及硅灰的高强混凝土配合比　　　　表 2.1-9

编号	水胶比	掺量（%）	配合比（kg/m³）					
			水泥	超细矿渣	硅灰	粗骨料	细骨料	水
UFS10		10	360	40		1000	800	100
SF10	0.25	10	360		40	1000	800	100
UFS15		15	340	60		1000	800	100
SF15		15	340		60	1000	800	100

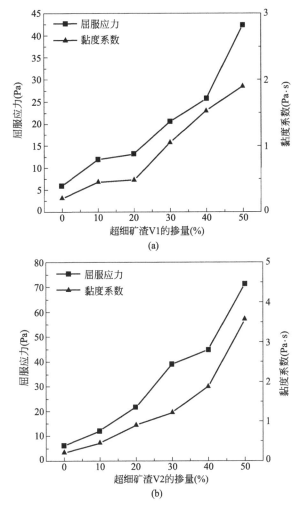

图 2.1-20　纯水泥净浆与掺超细矿渣复合浆体的屈服应力及黏度系数
（a）10％～50％超细矿渣 V1；（b）10％～50％超细矿渣 V2

　　图 2.1-21 是掺 10％和 15％的超细矿渣和硅灰的高强混凝土在龄期为 3d、7d、28d 和 60d 时的抗压强度，由图可见，掺超细矿渣的高强混凝土在 3d 和 7d 龄期时的抗压强度均高于掺硅灰的高强混凝土，强度约为 80MPa；且掺超细矿渣混凝土在 3d 和 7d 龄期时的抗压强度分别约为其 28d 龄期时的抗压强度的 80％和 90％，而掺硅灰的混凝土的计算值分别约为 70％和 80％。然而，在养护到 28d 及 60d 时，掺硅灰的混凝土的抗压强度略大于掺超细矿渣混凝土。

　　结果表明，在制备高强混凝土时，掺入超细矿渣可以明显提升混凝土的早期强度。早期抗压强度的发展较掺入硅灰时快。虽然后期强度发展不如掺硅灰的混

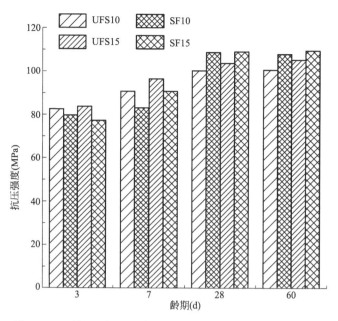

图 2.1-21　掺 10％ 和 15％ 的超细矿渣及硅灰的高强混凝土在龄期为 3d、7d、28d 和 60d 时的抗压强度

凝土，但强度等级也接近 100MPa，仅略低于掺硅灰的混凝土试件。因此，可以考虑在制备高强混凝土时使用超细矿渣来替代硅灰，且满足对早期强度有高要求的工程。

2.1.3　超细矿渣标准介绍

国内包含超细矿渣在内的混凝土用粒化高炉矿渣，所依据的标准均为国家标准《用于水泥、砂浆和混凝土中的粒化高炉矿渣粉》GB/T 18046—2017。标准中依据活性指数和比表面积等参数，将矿渣分为 S105、S95 和 S75 三个等级，具体指标如表 2.1-10。

《用于水泥、砂浆和混凝土中的粒化高炉矿渣粉》GB/T 18046—2017 对矿渣粉的技术要求

表 2.1-10

项目		性能要求		
		S105	S95	S75
密度（g/cm³）		≥2.8		
比表面积（m²/kg）		≥500	≥400	≥300
活性指数（％）	3d	≥95	≥70	≥55
	28d	≥105	≥95	≥75

100

项目	性能要求		
	S105	S95	S75
流动度比(%)	≥95		
初凝时间比(%)	≤200		
含水量(质量分数,%)	≤1.0		
三氧化硫(质量分数,%)	≤4.0		
氯离子(质量分数,%)	≤0.06		
烧失量(质量分数,%)	≤1.0		
不溶物(质量分数,%)	≤3.0		
玻璃体含量(质量分数,%)	≥85		
放射性	I_{Ra}≤1.0 且 I_{γ}≤1.0		

国内现行的超细矿渣相关标准是中国建筑学会标准《砂浆和混凝土用超细粒化高炉矿渣粉》T/ASC 07—2019，标准适用于砂浆和混凝土的超细矿渣，对于采用粗值粒径 D_{90} 和中值粒径 D_{50} 超细粒化高炉矿渣粉做出准确定义，并在国家标准《用于水泥、砂浆和混凝土中的粒化高炉矿渣粉》GB/T 18046—2017 要求的基础上，依据粗值粒径和 3d 活性指数等指标，将超细矿渣分为Ⅰ级和Ⅱ级，并对初凝时间比等重点指标做了进一步严格要求。标准规定了相应的试验方法和检验规则，表 2.1-11 是标准中规定的超细矿渣粉技术要求。一般情况下，超细矿渣的技术指标要求均不低于国标对于 S105 等级矿渣的技术要求。

《砂浆和混凝土用超细粒化高炉矿渣粉》T/ASC 07—2019 对超细矿渣粉的技术要求

表 2.1-11

项目		性能要求	
		Ⅰ级	Ⅱ级
密度(g/cm³)		≥2.8	
粒径	D_{50}	≤5	
	D_{90}	≤10	≤15
活性指数(%)	3d	≥115	≥105
	28d	≥105	
流动度比(%)		≥95	
初凝时间比(%)		≤100	
含水量(质量分数,%)		≤1.0	
三氧化硫(质量分数,%)		≤4.0	

续表

项目	性能要求	
	Ⅰ级	Ⅱ级
氯离子(质量分数,%)	≤0.06	
烧失量(质量分数,%)	≤1.0	
不溶物(质量分数,%)	≤3.0	
玻璃体含量(质量分数,%)	≥85	
放射性	$I_{Ra} \leqslant 1.0$ 且 $I_\gamma \leqslant 1.0$	

国外对于超细矿渣的标准规范一般包含在全部粒化高炉矿渣的标准内，通过分类分级进行要求。例如，日本标准《混凝土用磨细粒化高炉矿渣》JIS A 6206—2013 与我国国家标准同样采用比表面积和活性指数作为分级指标，如表 2.1-12 所示，技术要求最高的 8000 等级矿渣要求比表面积为 $700\sim1000\mathrm{m^2/kg}$，28d 活性指数不低于 105，比表面积要求高于我国的 S105 等级矿渣。而美国标准《用于混凝土和砂浆的粒化高炉矿渣微粉标准》ASTM C989-17 未对比表面积进行严格要求，依据活性指数区分等级，如表 2.1-13 所示，技术要求最高的 Grade120 等级矿渣，要求 28d 活性指数不低于 115，高于我国国家标准对于 S105 等级矿渣的要求，与中国建筑学会标准相当。

日本标准《混凝土用磨细粒化高炉矿渣》JIS A 6206—2013 中的矿渣分级指标

表 2.1-12

矿渣等级	8000	6000	4000
比表面积(m²/kg)	700~1000	500~700	350~500
活性指数(7d,%)	≥95	≥75	≥55
活性指数(28d,%)	≥105	≥95	≥75
活性指数(91d,%)	≥105	≥105	≥95

美国标准《用于混凝土和砂浆的粒化高炉矿渣微粉标准》ASTM C989-17 中的矿渣分级指标

表 2.1-13

矿渣等级	Grade120	Grade100	Grade80
活性指数(28d,%)	≥115	≥95	≥75

2.2 超细粉煤灰混凝土

粉煤灰在混凝土中的应用已经受到充分的关注，其对混凝土性能的改善主要体现在提高混凝土的耐久性，其不足之处在于因活性低而降低混凝土的早期强

度。因此，利用粉磨或分选的工艺将普通粉煤灰加工为超细粉体能够有效提高粉
煤灰的反应活性，从而改善混凝土的性能。

目前，我国超细粉煤灰的生产主要是通过机械粉磨工艺。机械粉磨是指通过
机械力的作用使得粗颗粒摩擦碰撞，从而减小颗粒尺寸。在此过程中，形成的空
位、亚结晶等缺陷的累积会逐渐改变固体的晶体结构直到形成非晶态、无定形的
状态甚至发生相变。除了机械粉磨之外，工业上还可以采用分选的工艺，利用陶
瓷除尘管从火力发电厂排出的飞灰中直接收集超细粉煤灰颗粒（又称粉煤灰微
珠）。不同工艺获得的超细粉煤灰在材料特性上存在一定的差异。相比于粉煤灰
微珠，采用机械粉磨工艺获得的超细粉煤灰具有较少的玻璃体和 CaO 含量，且
形貌更为不规则。本节主要介绍采用粉磨工艺获得的超细粉煤灰在硬化浆体中的
微观反应机理及其对混凝土宏观性能的影响。超细粉煤灰（机械粉磨）的微观形
貌如图 2.2-1 所示。

图 2.2-1　超细粉煤灰（机械粉磨）的微观形貌

2.2.1　超细粉煤灰的反应机理

超细粉煤灰与普通粉煤灰在硅酸盐水泥基复合胶凝体系中的反应机理相似。
在掺有粉煤灰的水泥或混凝土中，首先是水泥水化，生成水化硅酸钙凝胶（C-S-
H）和 $Ca(OH)_2$；随后，$Ca(OH)_2$ 与粉煤灰中的铝硅玻璃体反应，生成水化硅
酸钙（C-S-H）和水化铝酸钙（C-A-H）等凝胶，这一过程即为粉煤灰的火山灰
反应，如式（2-1）、式（2-2）所示。

$$Ca(OH)_2 + SiO_2 \longrightarrow C\text{-}S\text{-}H \tag{2-1}$$

$$Ca(OH)_2 + Al_2O_3 \longrightarrow C\text{-}A\text{-}H \tag{2-2}$$

火山灰反应对于混凝土的微结构有两个方面的贡献：一是消耗了一部分混凝土中的 $Ca(OH)_2$，改善了混凝土的界面过渡区；二是生成了凝胶，填充混凝土中的孔隙，改善混凝土的孔结构。除了火山灰反应之外，粉煤灰在复合胶凝体系中还能够发挥物理填充作用、稀释作用和成核促进作用，从而进一步改善混凝土的微结构。一般而言，超细粉煤灰由于颗粒粒径更小、比表面积更大，其表现的火山灰反应、物理填充作用和成核效应相比于普通粉煤灰更为明显。超细粉煤灰的反应过程如下：

1. $Ca(OH)_2$ 含量

图 2.2-2 是纯水泥浆体和掺入超细粉煤灰的浆体不同龄期时的热重分析曲线，根据 $400\sim500℃$ 的失水含量计算出浆体所含氢氧化钙含量，计算结果如图 2.2-3 所示。图中标号 "C" "F20" "F35" 分别表示纯水泥浆体、掺入 20% 和掺入 35% 超细粉煤灰的水泥基复合浆体。从图中总体来看，掺入超细粉煤灰降低了各龄期浆体的氢氧化钙含量，且超细粉煤灰掺量越多，降低幅度越大。不同的是，随着龄期的增长，对照组水泥浆体的氢氧化钙含量逐渐增加，而掺加超细粉煤灰浆体中的氢氧化钙含量却逐渐降低。这是因为随着龄期的增长，纯水泥浆体内部未水化的水泥颗粒继续水化生成氢氧化钙，而掺加超细粉煤灰的浆体内由于火山灰反应，超细粉煤灰与水泥水化生成的氢氧化钙发生反应，不断消耗氢氧化钙，导致其含量逐渐降低。

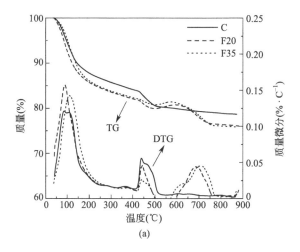

图 2.2-2　纯水泥和掺入超细粉煤灰水泥浆体的热重曲线（一）

（a）14d 龄期

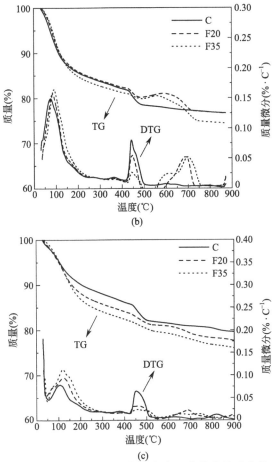

图 2.2-2　纯水泥和掺入超细粉煤灰水泥浆体的热重曲线（二）

（b）28d 龄期；（c）90d 龄期

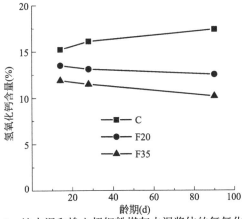

图 2.2-3　纯水泥和掺入超细粉煤灰水泥浆体的氢氧化钙含量

为了直观地了解超细粉煤灰对于水泥水化的影响，对标准养护 14d、28d 和 90d 各组水泥浆体单位质量水泥的氢氧化钙含量进行对比，如图 2.2-4 所示。由图可知，随着龄期的增长，纯水泥浆体的单位质量水泥氢氧化钙含量逐渐增加，这是未水化水泥继续水化的结果，而掺加超细粉煤灰的浆体单位质量水泥氢氧化钙含量逐渐降低，表明超细粉煤灰发生了火山灰反应消耗了水泥产生的氢氧化钙。与对照组相比，在 14d 和 28d 时，掺加超细粉煤灰的浆体单位质量水泥氢氧化钙含量要高于纯水泥浆体，表明前期超细粉煤灰对水泥水化主要表现的是促进作用，其稀释效应和成核效应的总和要大于火山灰效应。而在 90d 时，掺入超细粉煤灰的浆体单位质量水泥氢氧化钙含量却低于纯水泥浆体，这表明后期火山灰效应要大于稀释效应和成核效应的总和。

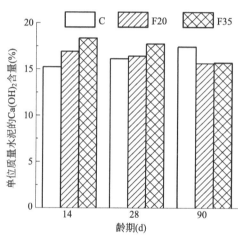

图 2.2-4　纯水泥和掺入超细粉煤灰水泥浆体单位质量水泥的氢氧化钙含量

2. 化学结合水

图 2.2-5 展示了对照组纯水泥浆体（标号"C"）和掺入 20％和 35％超细粉煤灰的浆体（标号"F20"和"F35"）标准养护 14d、28d 和 90d 的化学结合水含量。由图可知，随着龄期的增加，浆体的化学结合水含量逐渐增加。前期掺入超细粉煤灰的浆体化学结合水含量高于纯水泥浆体，后期纯水泥浆体的化学结合水含量增长率要高于超细粉煤灰浆体，到 90d 龄期时纯水泥浆体的化学结合水含量超过超细粉煤灰浆体。这可能是因为在前期超细粉煤灰的稀释效应和成核效应促进了水泥的水化，所以化学结合水含量较高；而在后期由于对照组水泥含量高，未水化水泥颗粒不断水化，因此化学结合水含量高于掺超细粉煤灰的浆体。

3. 反应程度

本节通过化学结合水法来计算水泥和超细粉煤灰的反应程度。该方法主要通过测定水化浆体的化学结合水含量 w_n^t 来确定浆体的反应程度，水泥的水化反应

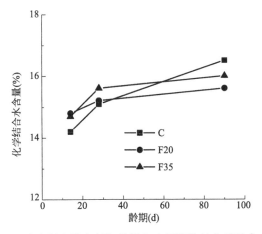

图 2.2-5　纯水泥和掺入超细粉煤灰水泥浆体的化学结合水含量

一般可以总结为以下几个方程式：

$$C_2S+2H=0.5C_3S_2H_3+0.5CH \tag{2-3}$$

$$C_3S+3H=0.5C_3S_2H_3+1.5CH \tag{2-4}$$

$$C_3A+C\overline{S}H_2+10H=C_4A\overline{S}H_{12} \tag{2-5}$$

$$C_4AF+2CH+10H=C_6AFH_{12} \tag{2-6}$$

$$C_3A+CH+12H=C_4AH_{13} \tag{2-7}$$

根据上述 5 个方程式，可以按式（2-8）、式（2-9）计算出单位质量水泥完全水化生成的化学结合水含量和 $Ca(OH)_2$ 含量：

$$w_n^c(\infty)=0.209f_{C_2S}+0.237f_{C_3S}+0.444f_{C_4AF}+0.8f_{C_3A} \tag{2-8}$$

$$CH_c(\infty)=0.215f_{C_2S}+0.487f_{C_3S}+0.430f_{C\overline{S}H}-0.274f_{C_3A}-0.306f_{C_4AF} \tag{2-9}$$

其中，f 表示水泥中各矿物成分的含量。由此可得，单位质量水泥完全水化生成的化学结合水含量 $w_n^c(\infty)$ 为 0.272，$Ca(OH)_2$ 含量 $CH_c(\infty)$ 为 0.291。

类似地，粉煤灰的水化反应可以概括为以下 3 个方程式：

$$1.5CH+S=C_{1.5}SH_{1.5} \tag{2-10}$$

$$A+4CH+9H=C_4AH_{13} \tag{2-11}$$

$$A+C\overline{S}H_2+CH+7H=C_4A\overline{S}H_{12} \tag{2-12}$$

由此可以按式（2-13）、式（2-14）计算得到单位质量粉煤灰完全水化生成的化学结合水含量和 $Ca(OH)_2$ 含量：

$$w_n^p(\infty)=1.588f_A\gamma_A-1.35f_{\overline{S}} \tag{2-13}$$

$$CH_p(\infty)=-1.85f_S\gamma_S-2.907f_A\gamma_A+0.925f_{\overline{S}} \tag{2-14}$$

其中，γ_A 和 γ_S 分别表示粉煤灰中活性氧化物的比例，在此假设均为 0.5。

由此计算可得，单位质量粉煤灰完全水化生成的化学结合水含量 $w_n^p(\infty)$ 为 0.853，$Ca(OH)_2$ 含量 $CH_p(\infty)$ 为 -0.168。

复合浆体的水化包括水泥的水化和超细粉煤灰的水化，这可以归结为式（2-15）、（2-16）：

$$w_n^t = w_n^c f_c + w_n^p f_p \tag{2-15}$$

$$CH_t = CH_c f_c + CH_p f_p \tag{2-16}$$

其中，w_n^c、w_n^p 和 w_n^t 分别表示单位质量水泥、超细粉煤灰和复合胶凝材料反应产生的化学结合水含量；CH_c 表示单位质量水泥水化产生的氢氧化钙含量，CH_p 表示单位质量超细粉煤灰反应消耗的氢氧化钙含量，CH_t 表示单位质量复合胶凝材料水化产生的氢氧化钙含量；f_c、f_p 分别表示水泥和超细粉煤灰的质量分数。

水泥和超细粉煤灰的反应程度 α_c 和 α_p 可以通过化学结合水含量来确定，如式（2-17）所示：

$$\alpha_c = \frac{w_n^c}{w_n^c(\infty)}, \alpha_p = \frac{w_n^p}{w_n^p(\infty)} \tag{2-17}$$

根据上述方法，对标准养护条件下水泥和超细粉煤灰的反应程度进行了计算，结果如图 2.2-6 和图 2.2-7 所示。由图 2.2-6 可知，在标准养护条件下，水泥的反应程度随着龄期的增长而逐渐增加，但前期的增长速率要高于后期。随着超细粉煤灰的掺入，水泥的反应程度得到提高，且超细粉煤灰掺量越多，水泥反应程度提高的幅度越大，这是因为超细粉煤灰的稀释效应和成核效应促进了水泥的水化。但相对于对照组，后期水泥的反应程度只有微弱增加。相对于水泥，图 2.2-7 说明随着龄期的增长超细粉煤灰的反应程度提高幅度更高，特别是后期，超细粉煤灰一直表现出火山灰活性。但随着掺量的增加，超细粉煤灰的反应程度略有降低，这可能是因为水泥含量减少，环境中的氢氧化钙含量降低所致。

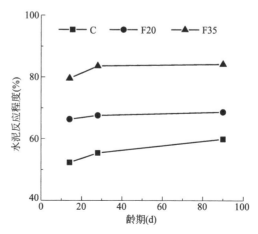

图 2.2-6 纯水泥和掺入超细粉煤灰水泥浆体中水泥的反应程度

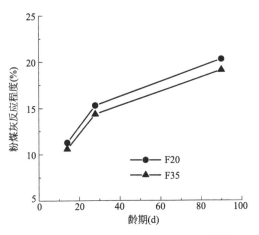

图 2.2-7　掺入超细粉煤灰的水泥浆体中超细粉煤灰的反应程度

2.2.2　超细粉煤灰对硬化浆体和混凝土性能的影响

超细粉煤灰作为优质矿物掺合料是实现混凝土高性能和特种功能的有效组分，本部分将介绍超细粉煤灰对硬化浆体和混凝土性能的影响。

1. 孔结构

浆体的孔径分布是浆体孔结构的微观展示，直接地反映了浆体内部孔隙的分布。图 2.2-8（a）和图 2.2-8（b）分别表示标准养护 28d 纯水泥与掺入超细粉煤灰的硬化浆体累积孔体积曲线和微分孔体积曲线。图 2.2-9 则将孔隙以 4.5nm、50nm 及 100nm 三个点划分为四个区间，其中大于 100nm 的孔为毛细孔。由图可知，随着超细粉煤灰掺量的增加，硬化浆体总孔隙率并未降低，反而略有增加。一般认为，混凝土抗压强度随着孔隙率的增加而降低，据此可以解释早期掺入超细粉煤灰的混凝土抗压强度相对于对照组有所降低。但从微分孔体积曲线和孔隙大小的分布可以看出，掺入超细粉煤灰细化了孔隙，减小了孔径，增加了小孔和无害孔的比例，且掺量越多，细化效果越明显，这是超细粉煤灰的填充效应和火山灰效应的体现。

图 2.2-10 和图 2.2-11 表示标准养护 180d 纯水泥和掺入超细粉煤灰的水泥浆体的累积孔体积曲线和微分孔体积曲线。由图可知，到 180d 时，虽然硬化浆体的孔隙率随着超细粉煤灰掺量的增加而增加，但是大于 50nm 的微小孔隙却随着超细粉煤灰掺量的增加而减少，这表明虽然掺有超细粉煤灰浆体的孔隙率绝对值要高于纯水泥对照组，但其孔径大小要小于对照组。

从 28～180d 孔结构的演变来看，纯水泥对照组孔隙率的降低幅度最大，表明后期未水化水泥颗粒继续水化填充的主要是 50～100nm 大小的孔隙；掺入 20%

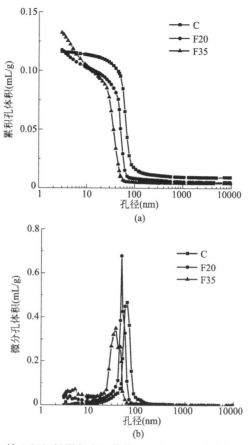

图 2.2-8　纯水泥和掺入超细粉煤灰水泥浆体（28d）的累积孔体积和微分孔体积曲线

（a）累积孔体积曲线；（b）微分孔体积曲线

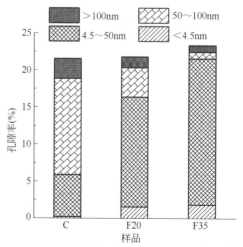

图 2.2-9　纯水泥和超细粉煤灰水泥浆体（28d）的孔隙大小的分布

超细粉煤灰的硬化浆体孔隙率略有降低，表明后期超细粉煤灰的火山灰反应生成的水化产物填充的主要是 50～100nm 大小的孔隙；掺入 35％超细粉煤灰的硬化浆体孔隙率变化不大，小于 4.5nm 的孔隙比例增加，大于 100nm 大小的孔隙比例减少。

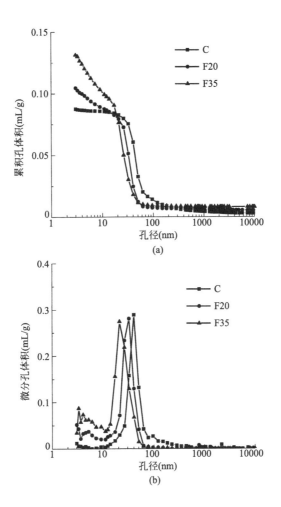

图 2.2-10　纯水泥和掺入超细粉煤灰水泥浆体（180d）的累积孔体积和微分孔体积曲线
(a) 累积孔体积曲线；(b) 微分孔体积曲线

　　值得注意的是，硬化浆体的孔结构并不能完全等同于混凝土内部的孔结构，决定混凝土渗透性的因素包括浆体的孔结构、界面过渡区的孔结构以及骨料之间的孔隙，但从超细粉煤灰减小硬化浆体最可几孔径和平均孔径可以看出其能改善混凝土内部的孔结构。表 2.2-1 为孔结构测试的具体参数。

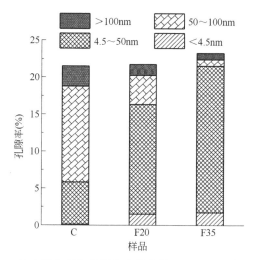

图 2.2-11　纯水泥和超细粉煤灰水泥浆体（180d）孔隙大小的分布

标准养护条件下对照组和超细粉煤灰水泥浆体的孔结构　　　　表 2.2-1

编号	C-28d	F20-28d	F35-28d	C-180d	F20-180d	F35-180d
粉煤灰掺量(%)	0	20	35	0	20	35
平均孔径(nm)	49.6	21.6	14.9	38.4	17.3	13.4
最可几孔径(nm)	62.1	49.6	39.2	40.7	31.2	28.6
总孔隙率(%)	21.52	21.65	23.24	16.79	19.0	22.76
累积进汞体积(ml/g)	0.1163	0.1177	0.1325	0.0875	0.1046	0.1313

2. 抗压强度

混凝土的配合比见表 2.2-2。图 2.2-12 表示标准养护条件下超细粉煤灰对混凝土抗压强度的影响。在 7d、28d 和 90d 龄期时，随着超细粉煤灰掺量的增加，相对于纯水泥对照组，混凝土的抗压强度逐渐降低，这是由于超细粉煤灰的活性低于水泥，随着水泥含量的降低，混凝土的抗压强度降低。但是在 180d 龄期时，掺入 20% 超细粉煤灰混凝土的抗压强度略微超过了对照组，这是由于后期超细粉煤灰发生了火山灰反应，消耗氢氧化钙，生成水化硅酸钙凝胶，使得混凝土微观结构更加致密，进而降低孔隙率，提高混凝土的抗压强度。表 2.2-3 计算了相对于对照组混凝土超细粉煤灰混凝土抗压强度的增长率。从表中可以看出，随着龄期的增加，F20 和 F35 的强度变化率绝对值逐渐减小，表明超细粉煤灰混凝土与对照组混凝土抗压强度差距逐渐缩小。其中在 7d 龄期时，F20 和 F35 的强度变化率分别为 −6.07% 和 −10.62%，但均小于超细粉煤灰的掺量，这是由于早期超细粉煤灰的稀释效应和成核效应促进了水泥的水化，物理填充效应改善了混凝土内部的孔结构。

混凝土配合比（kg/m³）　　　　　表 2.2-2

组成	水泥	超细粉煤灰	水	砂	石	减水剂
C	550	—	154	751	995	5.5
F20	440	110	154	751	995	8.25
F35	357.5	192.5	154	751	995	11

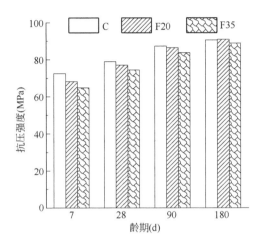

图 2.2-12　纯水泥混凝土与超细粉煤灰混凝土的抗压强度

超细粉煤灰对混凝土抗压强度的影响　　　　　表 2.2-3

龄期	C	F20		F35	
	抗压强度（MPa）	抗压强度（MPa）	增长率（%）	抗压强度（MPa）	增长率（%）
7d	72.50	68.10	−6.07	64.80	−10.62
28d	78.90	76.80	−2.66	74.20	−5.96
90d	87.20	86.40	−0.92	83.80	−3.90
180d	90.60	90.80	0.22	88.70	−2.10

　　表 2.2-4 列出了各龄期各组混凝土相对于 7d 龄期时抗压强度的增长率。从表中可以看出，F20 和 F35 混凝土各龄期的强度增长率均高于对照组 C，且掺量越多，增长率越高，表明超细粉煤灰对混凝土后期强度的增长贡献较大。

对照组和超细粉煤灰混凝土抗压强度随龄期的变化　　　　　表 2.2-4

龄期	C		F20		F35	
	抗压强度（MPa）	增长率（%）	抗压强度（MPa）	增长率（%）	抗压强度（MPa）	增长率（%）
7d	72.50	—	68.10	—	64.80	—
28d	78.90	8.83	76.80	12.78	74.20	14.51
90d	87.20	20.28	86.40	26.87	83.80	29.32
180d	90.60	24.97	90.80	33.33	88.70	36.88

3. 氯离子渗透性

混凝土的氯离子渗透性是表征混凝土耐久性的重要指标之一。图 2.2-13 是在标准养护条件下，纯水泥混凝土和超细粉煤灰混凝土的氯离子渗透性，混凝土的配合比见表 2.2-2。根据《混凝土耐久性检验评定标准》JGJ/T 193—2009，混凝土氯离子渗透性划分为"高""中等""低""很低"和"可忽略"5 个等级。据此可知，对照组的氯离子渗透性等级从 28d 的"中等"变成 180d 的"低"，F20 和 F35 组掺超细粉煤灰的混凝土的氯离子渗透性等级则从"低"变成"很低"，这表明超细粉煤灰由于自身的填充效应和火山灰效应，能够改善混凝土的孔结构，显著降低氯离子渗透性。此外需要说明的是，相对于普通粉煤灰，超细粉煤灰对于 28d 龄期时混凝土氯离子渗透性的降低更有利，这与其在早期改善混凝土内部的孔结构有关。

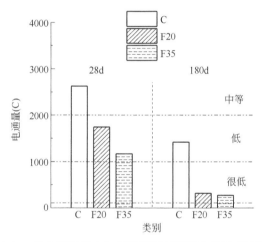

图 2.2-13 纯水泥混凝土与超细粉煤灰混凝土的氯离子渗透性

4. 绝热温升

随着现代土木工程结构的发展，高强混凝土的应用越来越普遍。但是由于高强混凝土的水泥用量大，放热量高，容易导致混凝土的高温开裂（例如，超高层的大体积混凝土底板）。掺入超细粉煤灰替代部分水泥可以在保证混凝土满足高强要求的同时降低混凝土的放热量，从而降低其温升值。

图 2.2-14 表示纯水泥混凝土和超细粉煤灰混凝土的绝热温升曲线，起始温度为 20℃。混凝土的配合比见表 2.2-2。由图可知，各组混凝土的温升曲线在第二天基本达到峰值，24h 内温升速率最高，到 7d 时已经趋于稳定。掺入超细粉煤灰能够显著降低混凝土的绝热温升，且掺量越大，降低幅度越大。

混凝土的绝热温升取决于胶凝材料的放热量，即胶凝材料的水化过程。超细粉煤灰对混凝土绝热温升的影响主要通过影响其水化机理从而影响水化放热。在快速溶解期，掺入粉煤灰提高了胶凝体系的有效水灰比，且粉煤灰具有成核效应，能够促进水泥的水化，在此期间放热速率会高于纯水泥（图 2.2-14 中 F20 在 12h 内的温升曲线高于 C）。由于粉煤灰的水化活性低，与水接触反应速率低，替代水泥后总的放热量低，因而降低了混凝土的总绝热温升。

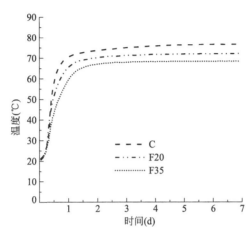

图 2.2-14 纯水泥混凝土与超细粉煤灰混凝土的绝热温升曲线

5. 温度匹配养护下的宏观性能

当超细粉煤灰用于大体积混凝土中时，由于反应放出的热量难以在短时间内与外部环境进行交换，因此粉煤灰的反应环境接近于绝热环境。本部分将根据图 2.2-14 的绝热温升曲线对混凝土进行温度匹配养护，探究超细粉煤灰在温度匹配养护条件下对混凝土宏观性能的影响。混凝土配合比见表 2.2-2。

图 2.2-15 是温度匹配养护条件下对照组与超细粉煤灰混凝土各龄期的抗压强度。由图可知，温度匹配养护使得超细粉煤灰混凝土与对照组混凝土抗压强度的差距减小（F35 组），甚至超过对照组（F20 组）。随着龄期的增加，各组混凝土的抗压强度增长，其中 F20 组混凝土抗压强度一直高于对照组和 F35 组。这表明了温度匹配养护提高了超细粉煤灰的早期活性，超细粉煤灰发生了火山灰反应，生成了水化产物填充在混凝土内部使结构更致密。掺入 35％超细粉煤灰的混凝土在 90d 之前抗压强度一直低于对照组，这是因为水泥含量的降低导致胶凝材料的水化程度降低，水化产物减少。

与标准养护对比，对照组在各龄期的抗压强度略有下降，这是因为虽然早期的温度匹配养护加快了水泥的水化，但这导致了水泥水化产物的不均匀分布，以及快速生成的水化产物妨碍了后期未水化水泥颗粒的继续水化。掺入超细粉煤灰的混凝土强度在两种养护条件下抗压强度差别不大，这可能是因为温度匹配养护虽然提高了超细粉煤灰的活性，但是阻碍了水泥的反应，从而导致复合胶凝体系的强度并未明显改变。

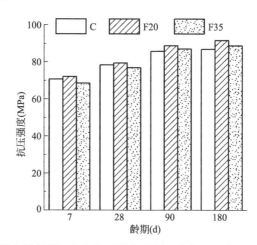

图 2.2-15　纯水泥混凝土与超细粉煤灰混凝土的抗压强度（温度匹配养护）

图 2.2-16 表示温度匹配养护条件下对照组与超细粉煤灰混凝土的氯离子渗透性。由图可知，随着龄期的增加，各组混凝土的氯离子渗透性降低，这是由于胶凝材料继续水化填充混凝土内部孔隙，增加了氯离子扩散和迁移的难度所致。其中，对照组的氯离子渗透性虽然有所降低但依然处于"中等"，且与标准养护的对照组对比，180d 龄期时温度匹配养护的混凝土氯离子渗透性等级由"低"上升到"中等"，这验证了在抗压强度测试中的结果，即水泥水化产物的不均匀分布和后期未水化的胶凝材料的不充分水化导致混凝土内部孔结构变差。

随着超细粉煤灰的掺入，混凝土的氯离子渗透性降低，且掺量越多，氯离子渗透性越低。这与标准养护的试验结果一致，超细粉煤灰的物理效应和火山灰效应的综合作用改善了混凝土内部的微结构。不同的是，与标准养护相比，温度匹配养护条件下掺入超细粉煤灰的混凝土的氯离子渗透性变得更低，在 28d 时 F20 和 F35 组混凝土的氯离子渗透性等级均达到"很低"；在 180d 时，F35 组的混凝土的氯离子渗透性甚至降到了可忽略。从对比中可以看出，超细粉煤灰混凝土内部的孔结构得到了极大的改善，这表明温度匹配养护极大地提高了超细粉煤灰的活性，促进了胶凝材料的水化，这与抗压强度的试验结果一致。

与标准养护条件下混凝土氯离子渗透性随时间增长的变化相比，温度匹配养护条件下混凝土氯离子渗透性从 28d 到 180d 的变化很小，特别是掺入超细粉煤灰的混凝土。这说明随着龄期的增加，标准养护混凝土内部的孔结构随着胶凝材料继续水化会逐渐得到改善，而温度匹配养护在早期通过促进胶凝材料的水化，极大地改善了混凝土的孔结构，后期未水化胶凝材料的继续水化对孔结构进一步的改善作用效果不大。

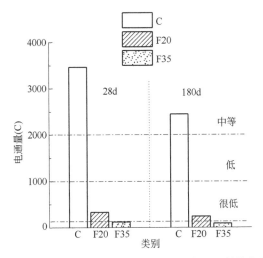

图 2.2-16　混凝土的氯离子渗透性（温度匹配养护条件）

2.3　超细偏高岭土混凝土

我国的高岭土储量居世界首位，在苏、浙、闽、赣、晋、鲁、辽、吉、川、滇、粤、桂、内蒙古等地均有丰富的高岭土资源，这些是配制高性能混凝土的重要资源。偏高岭土是高岭土在 $600 \sim 900℃$ 的温度下煅烧形成的一种无定形铝硅酸盐产物。在加热过程中，大多数铝氧八面体转化为更活跃的四配位和五配位单元。当晶体结构完全或部分断裂，或高岭土层间键断裂时，高岭土发生相变，最终形成结晶度较差的偏高岭土。由于其分子排列不规则，偏高岭土处于亚稳态热力学状态，在适当的激发环境下具有胶凝性，适合作为混凝土的矿物掺合料使用。在实际工程应用中，99.9％的偏高岭土颗粒小于 $16\mu m$，平均粒径一般为 $3\mu m$，明显小于水泥颗粒，但仍远比硅灰粗。将高岭土进行深入的机械粉磨，可以得到超细偏高岭土。由于其比表面积增大，超细偏高岭土具有比高岭土更高的水化活性。同时，与硅灰相比，超细偏高岭土含有一定量的 Al_2O_3，更适合用于混凝土中。超细偏高岭土的微观形貌如图 2.3-1 所示。

2.3.1　超细偏高岭土的反应机理

超细偏高岭土在水泥和混凝土基体中的作用主要表现在 3 个方面：填充效应、成核效应和火山灰效应。超细偏高岭土颗粒粒径比水泥颗粒粒径小得多，从而可以填充于水泥颗粒之间，改善基体的微观结构。同时，细小的超细偏高岭土颗粒可以提供水泥水化产物的成核位点，加速水泥的水化，这都有利于细化孔结

图 2.3-1　超细偏高岭土的微观形貌

构，提高基体密实度，对早期及后期强度和耐久性产生有利的影响。最为重要的是，超细偏高岭土具有较高的火山灰活性，在环境温度下即可与 $Ca(OH)_2$ 反应生成 C-S-H 凝胶和含铝相，包括 C_4AH_{13}、C_2ASH_8 和 C_3AH_6。火山灰反应降低了过渡区中 $Ca(OH)_2$ 的含量，同时也降低了 $Ca(OH)_2$ 晶体的晶粒尺寸和结晶取向度，有利于提高混凝土的力学性能及其耐久性。

2.3.2　超细偏高岭土对砂浆和混凝土性能的影响

为了研究超细偏高岭土对砂浆和混凝土性能的影响，本节选取与硅灰比表面积相近的超细偏高岭土作为矿物掺合料制备砂浆和混凝土，以纯水泥组和硅灰组为对照组，研究超细偏高岭土对混凝土和砂浆的流动性、力学性能和耐久性的影响。水泥选用北京金隅水泥集团生产的强度等级为 42.5 的硅酸盐水泥。水泥和超细偏高岭土的化学组成见表 2.3-1。从表中来看，超细偏高岭土中 SiO_2 和 Al_2O_3 的总含量超过 99%。超细偏高岭土的微观结构如图 2.3-1 所示。从图中来看，超细偏高岭土颗粒形貌不规则，都是带棱角的多面体，这主要是因为超细偏高岭土是通过机械粉磨得到的。图 2.3-2 是超细偏高岭土的粒径分布图，结合微观形貌图来看，大颗粒是过细的超细偏高岭土颗粒由于物理吸附作用团簇而形成的。超细偏高岭土的 XRD 衍射图谱如图 2.3-3 所示。从图中可以看出，超细偏高岭土以非晶相为主，SiO_2 晶体为主要结晶矿物相。本节所用砂浆和混凝土中的细骨料分别为 ISO 标准砂和河砂，粗骨料采用连续级配粒度为 4.75～20mm 的碎石。采用减水率为 20% 的聚羧酸盐减水剂来调节新拌砂浆和混凝土的流动性。

原材料的主要化学成分（质量分数,%）　　　　表 2.3-1

项目	CaO	SiO₂	Al₂O₃	Fe₂O₃	MgO	SO₃	Na₂O_eq
水泥	54.86	21.10	6.33	4.22	2.60	2.66	0.53
超细偏高岭土	0.13	52.72	46.29	0.28	0.15	0.08	0.12

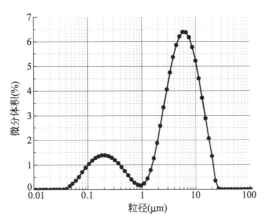

图 2.3-2　超细偏高岭土的粒径分布

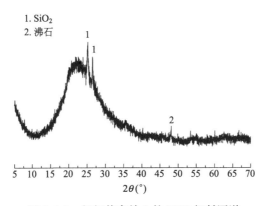

图 2.3-3　超细偏高岭土的 XRD 衍射图谱

　　本节设置的水胶比为 0.4，混凝土所用砂率为 0.44，砂浆所用砂胶比为 3.0。两种矿物掺合料的掺量都为 0、9% 和 15%，对应减水剂用量分别为 0.8%、0.85% 和 0.95%（与胶凝材料总量的质量比）。混凝土和砂浆试样的配合比及编号见表 2.3-2 和表 2.3-3。

混凝土的配合比（kg/m³）　　　　表 2.3-2

编号	水泥	超细偏高岭土	硅灰	细骨料	粗骨料	水	减水剂
C	400	0	0	854	1086	160	3.2
M1	364	36	0	854	1086	160	3.4

续表

编号	水泥	超细偏高岭土	硅灰	细骨料	粗骨料	水	减水剂
S1	364	0	36	854	1086	160	3.4
M2	340	60	0	854	1086	160	3.8
S2	340	0	60	854	1086	160	3.8

砂浆的配合比（kg/m³）   表 2.3-3

编号	水泥	超细偏高岭土	细骨料	水
C	450	0	1350	180
M1	409.5	40.5	1350	180
M2	382.5	67.5	1350	180

1. 流动性

流动性是混凝土最重要的性能之一。混凝土的流动性受骨料容积比、系统中颗粒的粒径分布、骨料表面附着水的状态以及拌和的环境等诸多复杂因素的影响。本节采用坍落度筒并根据《普通混凝土拌合物性能试验方法标准》GB/T 50080—2016测试不同混凝土试样的坍落度以及坍落度损失来评价混凝土的流动性。

不同掺量超细偏高岭土混凝土的坍落度和坍落度损失率如表 2.3-4 所示。在混凝土在拌和过程中没有观察到离析或泌水现象。由表可知，新拌混凝土的流动性与超细偏高岭土替代率呈非线性关系。与纯水泥混凝土相比，掺加 9％的超细偏高岭土降低了混凝土的流动性，而掺加 15％的超细偏高岭土对流动性影响不大。这是由于掺加 9％的超细偏高岭土后，复合胶凝材料的平均粒径变小，比表面积增大，混凝土基体中可获得的游离水减少，使得试件 M1 的流动性变差。但是，试件 M2 中的减水剂含量高于纯水泥混凝土组，严重削弱了超细偏高岭土颗粒的吸水效果，使得混凝土的流动性变化不大。此外，超细偏高岭土混凝土的坍落度高于等掺量硅灰混凝土的坍落度。说明该聚羧酸系减水剂与超细偏高岭土混凝土的相容性较好。0.5h 后，坍落度与初始坍落度变化趋势相同。但坍落度损失率发生了显著变化。与纯水泥混凝土相比，掺加 9％的超细矿物掺合料和 0.85％的聚羧酸系减水剂对坍落度损失率影响较小；掺加 15％的超细矿物掺合料和 0.95％的聚羧酸系减水剂可明显降低坍落度损失率。从结果来看，超细偏高岭土混凝土具有比硅灰混凝土更好的流动性。

坍落度与损失率   表 2.3-4

项目	C	M1	S1	M2	S2
初始坍落度(mm)	235	224	213	233	221
0.5h后坍落度(mm)	180	172	162	186	172
坍落度损失率(%)	23.40	23.21	23.94	20.17	22.17

2. 力学性能

力学性能是混凝土最重要的宏观力学性能，是混凝土在实际工程中需要重点保证的性质。根据国家标准《混凝土物理力学性能试验方法标准》GB/T 50081—2019，测试了混凝土在 1d、3d、7d、28d、90d 龄期时的抗压强度及 28d、90d 龄期时的劈裂抗拉强度。

所有混凝土的抗压强度结果如图 2.3-4 所示。总体而言，掺加矿物掺合料提高了混凝土各龄期的抗压强度，且对后期强度的提高更加明显。但掺合料的掺量对抗压强度的影响效果差异较大。在 1d 时，试件 M1 的抗压强度只是略高于试件 M2，而在 3d 和 7d 时，则明显高于 M2 试样。在 1d 时，所有混凝土的早期抗压强度均约为 15MPa。在 3d 时，纯水泥混凝土的抗压强度为 30MPa，而最高抗压强度接近 40MPa（试件 M1）。在 7d 时，所有混凝土的抗压强度提高了约 10MPa。在 28d 时，试件 C 和 M1 的抗压强度提高了约 10MPa，而试件 M2 的抗压强度达到 62MPa，提高了 17MPa。因此，掺加 15% 的超细偏高岭土可以更明显地提高混凝土的抗压强度，使混凝土强度达到 C60 的强度等级。虽然混凝土抗压强度从 28d 到 90d 增长缓慢，但是试件 M2 在后期仍具有最高的抗压强度。相比于纯水泥混凝土，掺加 15% 超细偏高岭土可使其 28d 和 90d 的抗压强度分别提高 24% 和 20%。在相同的替代率和减水剂掺量下，超细偏高岭土混凝土和硅灰混凝土在各龄期的抗压强度没有太大差异。所有混凝土的 7d 抗压强度均达到 28d 抗压强度的 72%～83%，表明高掺量的减水剂对混凝土的早期强度没有明显的负面影响。

图 2.3-5 显示出超细矿物掺合料对劈裂抗拉强度和抗压强度具有相同的影响。劈裂抗拉强度的结果表明：随着超细掺合料掺量的增加，混凝土的劈裂抗拉强度增大；在 28d 和 90d 时，在相同的替代率和减水剂掺量下，超细偏高岭土混凝土和硅灰混凝土的劈裂抗拉强度几乎没有区别。掺加 9% 超细偏高岭土使得 28d 和 90d 抗拉强度增加了约 17%；掺加 15% 超细偏高岭土使得 28d 和 90d 抗拉强度增加了约 33% 和 30%。在 90d 时，最高劈裂抗拉强度接近 7MPa（试件 M2 和 S2）。所以，从上述结果来看，超细偏高岭土与硅灰对混凝土力学性能的影响效果相当。

3. 连通孔隙率

混凝土的连通孔隙率是衡量水或者侵蚀离子输送能力的指标，它与渗透性密切相关。采用"饱水法"测试混凝土的连通孔隙率，将尺寸为 50mm×100mm×100mm 的试件进行饱水后烘干至恒重，以烘干前后的质量变化率衡量混凝土的连通孔隙率。所有混凝土在 28d 龄期时的连通孔隙率如图 2.3-6 所示。值得注意的是，所有混凝土的 28d 连通孔隙度值均在 11%～14%。从图中可以看出，随着超细偏高岭土掺量的增加，混凝土的连通孔隙度明显降低。这说明超细偏高

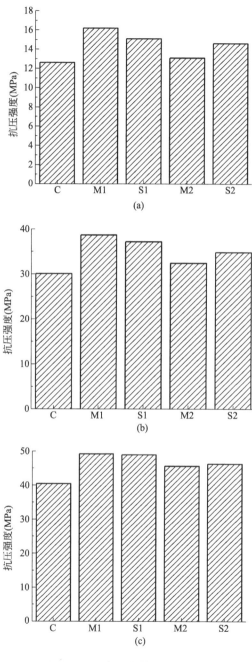

图 2.3-4　混凝土的抗压强度（一）

（a）1d 龄期；（b）3d 龄期；（c）7d 龄期

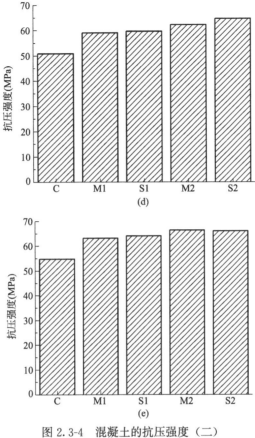

图 2.3-4　混凝土的抗压强度（二）

（d）28d 龄期；（e）90d 龄期

岭土的掺加细化了混凝土的孔隙结构，增大了基体密实度，有助于提高混凝土的耐久性。这一结果与 Erhan 等人的研究结果一致，他们发现特别是在高替代率情况下，超细偏高岭土可以显著增强混凝土的孔隙结构，有效减少有害的大孔隙的存在。在相同的替代率和减水剂掺量下，与超细偏高岭土混凝土相比，硅灰混凝土的连通孔隙率相对较低，但是差距不大。所以，掺加硅灰对于混凝土孔隙的改善效果略好于掺加超细偏高岭土。

4. 氯离子渗透性

混凝土属于多孔材料，渗透性是混凝土耐久性的重要指标之一，它表征气体、液体或者离子受压力、化学势或者电场的作用，在混凝土中渗透、扩散或迁移的难易程度。混凝土的渗透性是由其微观结构决定的，一般认为，混凝土的毛细孔越大，其强度越低，渗透性越大。本节采用电通量法，依据美国标准《混凝土抗氯离子渗透能力的电指示的标准试验方法》ASTM C1202 的要求来评价混凝土的渗透性。首先，将立方体混凝土试件切割成 50mm×100mm×100mm 的长方体试件。

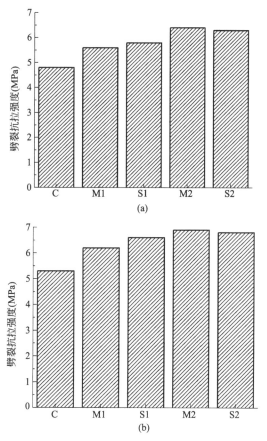

图 2.3-5　混凝土的劈裂抗拉强度

（a）28d 龄期；（b）90d 龄期

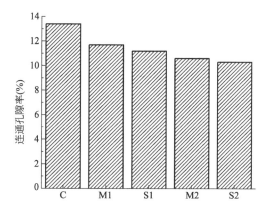

图 2.3-6　混凝土在 28d 龄期时的连通孔隙率

其次，将试件进行真空饱水处理。最后，将饱水后的试样安装于试验槽内，试件两侧的试验槽分别注入浓度为 3% 的 NaCl 溶液和 0.3mol/L 的 NaOH 溶液，并施加 60V 直流电压，以 6h 的电通量来评价混凝土的氯离子渗透性。

混凝土在 28d 和 90d 的氯离子渗透性如图 2.3-7 所示。从图中可以看出，试件 C、M1 和 M2 在 28d 时的氯离子渗透性等级分别为中等、低和极低。在 90d 时，尽管由于连通孔隙率降低，所有混凝土中通过的电荷量减少，但氯离子渗透性等级没有变化。在相同减水剂掺量下，相同替代率的超细偏高岭土混凝土和硅灰混凝土在 28d 和 90d 的氯离子渗透性等级相差不大。这一结果归因于两者相似的孔隙结构。因此，掺加超细矿物掺合料可以提高混凝土在 28d 和 90d 的抗氯离子渗透性，且超细偏高岭土与硅灰具有相同的作用效果。

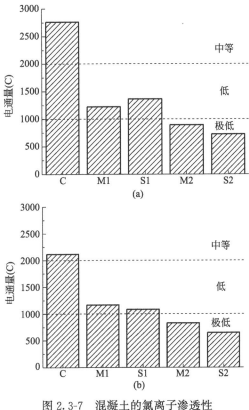

图 2.3-7　混凝土的氯离子渗透性
(a) 28d 龄期；(b) 90d 龄期

5. 抗冻融性

混凝土的冻融损伤是混凝土受到的外界物理作用（干湿变化、温度变化、冻融变化等）而产生的结构破坏，严重威胁着混凝土结构的安全与使用寿命。混凝土的抗冻融性破坏不仅包括在严寒地区混凝土建筑物的冻融损伤，还包括在温热地区混凝土建筑物遭到干、湿、冷、热交替的作用而导致的表层削落，结构疏松等破坏。根据国家标准《普通混凝土长期性能和耐久性能试验方法标准》GB/T 50082—2009 的要求，采用 100mm×100mm×100mm 的试样，测试混凝土在 300 次冻融循环后的质量变化和动态弹性模量，以此来评价混凝土的抗冻融性。

各组混凝土经过 300 次冻融循环后的相对动弹性模量和质量损失分别如图 2.3-8 和图 2.3-9 所示。由图 2.3-8 可知，经过 300 次循环后，试件 M1~S2 的相对动弹性模量处于 81%~86%，其中试件 M2 的相对动弹性模量最高，为 85.5%。这表明试件 M2 的抗冻融性能最好。而纯水泥混凝土的相对动弹性模量仅为 62.8%，远低于复合混凝土，这表明掺加矿物掺合料有利于提高混凝土的抗冻融性。图 2.3-9 显示了经过 300 次循环后，纯水泥混凝土的质量损失超过 5%，而试件 M1~S2 的质量损失均小于 4%。因此，超细高岭土混凝土和硅灰混凝土能够满足寒冷地区的抗冻要求，它们最低的抗冻等级 F300。综合来看，随着超细偏高岭土或硅灰含量的增加，混凝土的相对动态弹性模量有增大的趋势，质量损失明显减小。同时，复合混凝土试件 M1、S1、M2、S2 具有优良的表观性能，在其表面几乎看不到剥蚀状况。因此，掺加超细偏高岭土或硅灰对改善混凝土的抗冻融性具有积极的影响。

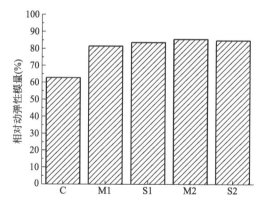

图 2.3-8　经过 300 次冻融循环后混凝土的相对动弹性模量

6. 抗硫酸盐侵蚀性

硫酸盐侵蚀是导致混凝土劣化最广泛和最普遍的形式之一，其实质是外部介质中的侵蚀离子进入混凝土内部发生物理化学反应产生膨胀而导致的混凝土胀裂。本节采用砂浆半浸泡法评价超细偏高岭土对砂浆抗硫酸盐侵蚀的影响。砂浆采用两种养护条件：3d 和 7d 初始湿养护。初始湿养护后，所有的砂浆放置在自然环境中。在 28d 后测试砂浆的抗压强度，然后将砂浆试件半浸泡在含 10% Na_2SO_4 的溶液中 28d，56d 和 90d。定期更换溶液以维持 Na_2SO_4 溶液的浓度。达到龄期后，将半浸泡在含 Na_2SO_4 溶液中的试件和在水中养护相同龄期的参照

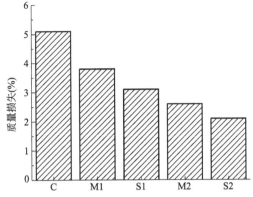

图 2.3-9　经过 300 次冻融循环后混凝土的质量损失

组试件同时进行抗折强度测试。采用相同养护时间下的抗折强度损失来评价其抗硫酸盐侵蚀能力。

图 2.3-10 显示了不同初始湿养护时间对 28d 抗压强度的影响。试件 C、M1 和 M2 在初始湿养护 3d 后的 28d 抗压强度分别为 55.3MPa、59.1MPa 和 67.9MPa。与试件 C 相比，试件 M1 和 M2 的强度增长率分别为 6.9％和 22.8％。试件 C、M1 和 M2 经 7d 初始湿养护后的 28d 抗压强度分别为 57.4MPa、64.7MPa 和 70.8MPa。与纯水泥混凝土相比，掺加 9％和 15％超细偏高岭土后，其 28d 抗压强度分别提高了 12.7％和 23.3％。所以，随着超细偏高岭土掺量的增加，28d 抗压强度增长速率显著提高。7d 初始湿养护条件下的生长速率高于 3d 初始湿养护下的生长速率。同时，与 3d 初始湿养护相比，7d 初始湿养护砂浆的 28d 抗压强度有所提高。试件 C、M1 和 M2 的增长率分别为 3.8％、9.5％和 4.3％，试件 M1 和 M2 试样的生长速率高于试件 C。因此，延长初始湿养护时间对超细偏高岭土混凝土比对纯水泥混凝土更有利。

试件 C、M1 和 M2 在硫酸盐侵蚀下不同龄期的表观形貌分别如图 2.3-11 （a）～图 2.3-11（c）所示。图中标注的数字为初始湿养护时间。随着半浸泡时间的延长，盐晶体从砂浆上部析出，且呈增加的趋势。在半浸泡过程中，所有砂浆表面均未出现明显的裂缝。不同半浸泡时间的砂浆抗折强度损失如图 2.3-12 所示。由图可见，在任何半浸泡龄期，砂浆的抗折强度损失均随超细偏高岭土的增加而减小。在半浸泡时间相同时，延长初始湿养护时间对试件 C 和 M1 的抗折强度损失影响不大。然而，相比于 3d 初始湿养护时的抗折强度损失，7d 初始湿养护时试件 M2 的抗折强度损失相对较低，这是由于延长初始湿养护时间有利于水泥水化和孔隙结构发展，有助于改善抗硫酸盐侵蚀性。总体来看，掺加超细偏高岭土能改善砂浆的抗硫酸盐侵蚀性，且随着超细偏高岭土的加入，砂浆的抗硫酸盐侵蚀性也显著提高。

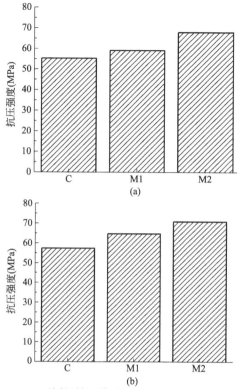

图 2.3-10　不同初始湿养护时间后砂浆的 28d 抗压强度

（a）初始湿养护时间 3d；（b）初始湿养护时间 7d

图 2.3-11　半浸泡后砂浆的表观形貌（一）

(c)

图 2.3-11 半浸泡后砂浆的表观形貌（二）

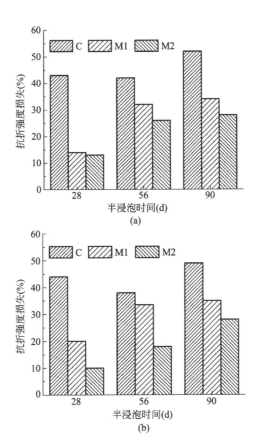

(a)

(b)

图 2.3-12 半浸泡不同时间后砂浆的抗折强度损失

（a）初始湿养护时间 3d；（b）初始湿养护时间 7d

---- 第 3 章 ----

高耐久蒸养混凝土

3.1 矿渣蒸养混凝土

3.1.1 试验配合比与蒸养制度

蒸养静停期的长短在一定程度上决定了混凝土在蒸养前的初始结构。为了加快生产速率，静停期应该适当缩短。但如果混凝土没有达到一个临界强度以平衡由孔内部压力所形成的热应力，那么在混凝土结构中就会有更多有害孔和裂纹产生。矿物掺合料的早期活性与水泥不同，所以大掺量矿物掺合料的加入有可能极大地改变了胶凝材料的初期水化性能。因此含有大掺量矿物掺合料的混凝土的有效静停时间的长短可能与纯水泥混凝土不同。本章研究了静停时间对纯水泥和含有大量矿渣胶凝材料性能的影响，其中净浆的配合比如表 3.1-1 所示，混凝土的配合比如表 3.1-2 所示。

净浆的配合比   表 3.1-1

样品编号	胶凝材料组成（%）		水胶比
	水泥	矿渣	
PC	100	0	0.3
PB	50	50	0.3

混凝土的配合比（kg/m³）   表 3.1-2

样品编号	水泥	矿渣	细骨料	粗骨料	水
C	350	0	812	1077	161
B	210	140	812	1077	161
CC	450	0	802	1063	135
BB	270	180	802	1063	135

针对上述的净浆和混凝土，设置了三种蒸养制度，这三种蒸养制度的升温时间、恒温时间、降温时间是相同的，但静停时间不同。三种养护制度分别为：养护方式 1（静停 1h＋升温 1h＋恒温 7h＋降温 5h）、养护方式 2（静停 3h＋升温 1h＋恒温 7h＋降温 5h）、养护方式 3（静停 6h＋升温 1h＋恒温 7h＋降温 5h）。成形的样品处在静停期时，养护温度为 20±1℃，相对湿度大于 95％。

3.1.2 60℃条件下静停时间对胶凝材料水化和混凝土性能的影响

1. 化学结合水

硬化浆体的化学结合水量反映了水化产物的数量。对于水化产物相同的胶凝体系，化学结合水就可以作为评价胶凝体系水化程度的一个指标。图 3.1-1 是静停时间为 3h 或 6h 的浆体相对静停时间为 1h 的浆体的化学结合水变化率。变化率的计算如式(3-1) 所示：

$$w=\frac{\sigma_t-\sigma_1}{\sigma_1}\times100\%\qquad(3\text{-}1)$$

式中，w 为化学结合水变化率，σ_1 为静停时间为 1h 的化学结合水，σ_t 为静停时间为 t 的化学结合水。很显然，当 w 大于 0 时，表示水化程度提高，当 w 小于 0 时，表示水化程度降低。

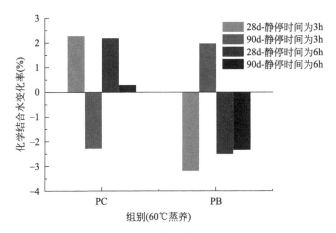

图 3.1-1　静停时间为 3h 和 6h 的浆体相对静停时间为 1h 的浆体在
28d 和 90d 龄期的化学结合水变化率

从图 3.1-1 可以看出，所有的化学结合水变化率均在±5％以内。这就充分地说明了无论是对 PC 组、PB 组中的哪种胶凝体系，无论是对 28d 还是 90d 的化学结合水，在 1h、3h、6h 不同的静停时间的蒸养制度下，后期的化学结合水量相差很小。也就是说，虽然不同的静停时间对应着不同的水化放热阶段，但静停时间的不同对胶凝材料后期的水化程度影响很小。

2. 净浆强度

图 3.1-2 是静停时间为 3h 和 6h 的浆体相对静停时间为 1h 浆体的 28d 和 90d 龄期的增长率。

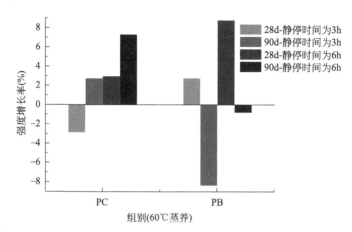

图 3.1-2　静停时间为 3h 和 6h 的浆体相对静停时间为 1h 的浆体在 28d 和 90d 龄期的强度增长率

从图 3.1-2 可以看到 PC 组、PB 组的强度增长率均介于 ±10% 之间。这就说明，不同的静停时间对 PC 组、PB 组浆体的后期强度的影响均不大。

3. 混凝土抗压强度

从图 3.1-3 可以看出，对于 28d 抗压强度，静停时间 3h 或 6h 的各组混凝土对静停时间 1h 的强度增长率均在 ±10% 以内，这说明静停时间的长短对各组混凝土 28d 抗压强度的影响不大。在 90d 龄期时，对 C 组、B 组、CC 组、BB 组混凝土，静停时间 3h 或 6h 的混凝土对静停时间 1h 的强度增长率均在 ±10% 以内，这说明静停时间的长短对纯水泥混凝土和掺加矿渣混凝土 90d 抗压强度的影响不大。

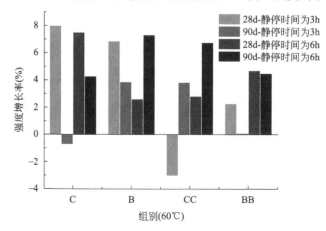

图 3.1-3　静停时间为 3h 和 6h 的混凝土相对静停时间为 1h 的混凝土在 28d 和 90d 龄期的强度增长率

4. 混凝土的氯离子渗透性

根据美国标准《混凝土抗氯离子渗透能力的电指示的标准试验方法》ASTM C1202，当 6h 通过的库仑电量在 100～1000C 时，混凝土氯离子渗透性等级为很低；当 6h 通过的库仑电量在 1000～2000C 时，混凝土氯离子渗透性等级为低。从图 3.1-4（a）和图 3.1-4（b）中可看出 C 组混凝土的氯离子渗透性等级低，其余 3 组混凝土的氯离子渗透性等级很低。不同的样品如果氯离子渗透性处于同一个等级就认为它们的氯离子渗透性相当。并且，对于以上每一组混凝土，不同的静停时间所引起的 6h 通过的库仑电量差异也很小。因此，可以得出结论，静停时间的不同对混凝土后期的氯离子渗透性影响很小。

结合之前的分析可以看出，对于纯水泥混凝土和含有大掺量矿渣的混凝土，我们可以把静停时间缩短到 1h，因为静停时间对这两种混凝土性能的影响很小。

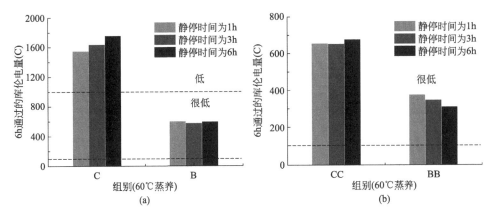

图 3.1-4　静停时间对混凝土的氯离子渗透性的影响

（a）普通混凝土；（b）高强混凝土

3.1.3　80℃条件下静停时间对胶凝材料水化和混凝土性能的影响

对于含大掺量矿物掺合料的混凝土，为使其获得较高的早期强度，提高蒸养温度是本研究采用的一种手段。蒸养温度提高后，在蒸养过程中可能在混凝土内部造成的损伤更大，因而可能需要更长的静停时间。本节把蒸养温度提高至80℃，研究静停时间对胶凝材料水化和混凝土性能的影响规律。

1. 化学结合水

从图 3.1-5 中可以很明显地看出，所有的化学结合水变化率均在±6％以内。这就说明无论是对 PC 组、PB 组中的哪一种胶凝体系，无论是对 28d 还是 90d 的化学结合水，在 1h、3h、6h 不同的静停时间的蒸养制度下，后期的化学结合水量相差很小。也就是说，尽管蒸养恒温期的温度提高到 80℃，静停时间的长短对纯水泥和掺矿渣水泥后期的水化程度影响依然很小。

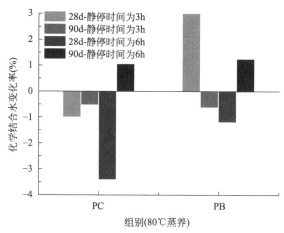

图 3.1-5　静停时间为 3h 和 6h 的浆体相对静停时间为 1h 的浆体在 28d
和 90d 龄期的化学结合水变化率

2. 净浆强度

图 3.1-6 显示的是静停时间为 3h 或 6h 的浆体相对静停时间为 1h 的浆体的强度增长率。从图中可以清楚地了解到 PC 组、PB 组的强度增长率均介于±10%之间。这就说明总体而言，不同的静停时间对 PC 组、PB 组浆体的后期强度的影响均不大。

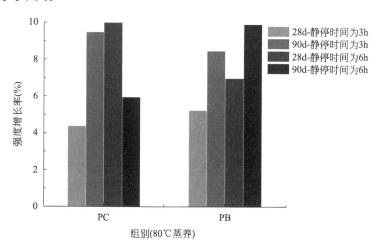

图 3.1-6　静停时间为 3h 和 6h 的浆体相对静停时间为 1h 的浆体在 28d 和 90d 龄期的强度增长率

3. 混凝土抗压强度

图 3.1-7 显示的是在恒温期 80℃的条件下，4 种混凝土在 28d 和 90d 龄期时，静停时间 3h 或 6h 相对静停时间 1h 的强度增长率。从图中可以看出，所有

的强度增长率均在±8％以内。这个结果说明，在恒温期 80℃ 的条件下蒸养，对混凝土抗压强度的影响甚微。

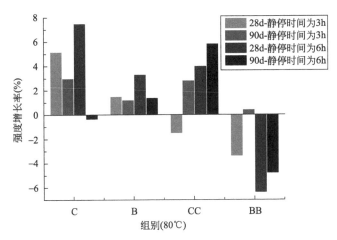

图 3.1-7　静停时间为 3h 和 6h 的混凝土相对静停时间为 1h 的混凝土在
28d 和 90d 龄期的强度增长率

4. 混凝土的氯离子渗透性

图 3.1-8(a) 与图 3.1-8(b) 分别显示的是在恒温期 80℃ 的条件下，普通混凝土和高强混凝土在 28d 和 90d 的抗氯离子渗透性。根据美国标准《混凝土抗氯离子渗透能力的电指示的标准试验方法》ASTM C1202 的规定，C 组混凝土的氯离子渗透性等级低，B 组、CC 组、BB 组混凝土的渗透性等级很低。由此可知在恒温期 80℃ 的条件下进行蒸养，静停时间的不同对混凝土后期的氯离子渗透性影响很小。

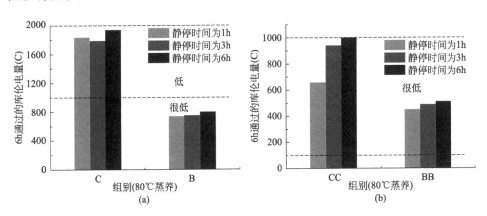

图 3.1-8　静停时间对混凝土的氯离子渗透性的影响
(a) 普通混凝土；(b) 高强混凝土

3.1.4　延长恒温时间与提高恒温温度对胶凝材料水化性能的影响

恒温阶段是蒸养制度中的最关键阶段，利用蒸养技术对成形的净浆或混凝土进行养护，就是利用恒温期的高温加速胶凝体系的水化。所以，研究蒸养恒温期对含有大掺量的矿物掺合料的混凝土性能的影响，首先就要对蒸养恒温期对含有大掺量矿物掺合料的胶凝材料的水化性能进行研究。蒸养恒温期有两个重要的控制参数，即恒温时间与恒温温度，本章节专门就恒温时间与恒温温度对纯水泥混凝土和掺大量矿渣的胶凝材料的水化性能的影响进行研究。

在本章节的研究中，因为主要利用化学结合水与矿物掺合料的反应程度两个工具，所以选用的试样为净浆，其配合比如表 3.1-3 所示。在试验过程中，静停时间均设置为 3h，所采用的恒温温度包括 60℃、70℃、80℃、90℃，所采用的恒温时间包括 8h、10h、12h、14h、16h。

净浆的配合比 　　　　　　　　　　　　　　　　　　表 3.1-3

样品编号	胶凝材料的组成（%）		水胶比
	水泥	矿渣	
PC	100	0	0.4
PB	60	40	0.4

1. 水化产物的化学结合水

（1）延长恒温时间对水化产物的化学结合水的影响

图 3.1-9（a）显示的是延长恒温养护时间对纯水泥的水化产物化学结合水的影响。图中以高温养护 10h、12h、14h、16h 的化学结合水量相对 8h 的化学结合水量的变化率为纵坐标，从图中可以清楚地了解到以下两点规律：无论恒温期的养护温度是多少，随着养护时间的延长，纯水泥的水化产物的化学结合水量都增加；恒温期的养护温度越低，随着养护时间的延长，纯水泥的水化产物的化学结合水量的增长率就越大。

图 3.1-9（a）中的第一个规律显示，尽管水泥的早期水化速率很快，且高温养护使水泥的水化速率进一步加快，但在高温养护 16h 内水泥的水化程度依然是不断增长的，即水泥的水化程度在 16h 的高温养护时间内是不断增长的。第二个规律显示，如果恒温期的养护温度过高，则 8h 的恒温期就足以使得水泥的水化程度达到较高的水平，在此基础上再延长高温养护的时间，对于进一步提高水泥的水化程度的贡献就变小。从图 3.1-9（a）中可以看出，80℃和90℃对应的两条曲线的数值比较接近，明显小于 60℃和70℃对应的曲线的数值。

图 3.1-9（b）为延长恒温养护时间对含有大掺量矿渣的胶凝材料的水化产物的化学结合水的影响。图中依然以高温养护 10h、12h、14h、16h 的化学结合水

量相对 8h 的化学结合水量的变化率为纵坐标，从图中可以得到三点结论：一是无论恒温期的养护温度是多少，随着养护时间的延长，化学结合水量都增加；二是恒温期的养护温度越低，随着养护时间的延长，化学结合水含量的增长率就越高；三是对于所有养护温度，提高养护时间至 14h，化学结合水量都有比较明显的增长。

对比图 3.1-9（a）和图 3.1-9（b）可以发现，无论在哪个养护温度条件下，延长养护时间对提高 PB 组化学结合水量的影响明显大于对 PC 组的影响。这是因为 PB 组的胶凝材料由水泥和矿渣组成，延长养护时间既促进水泥的水化又促进矿渣的反应，而且试验结果显示延长养护时间对矿渣反应的促进作用明显大于对水泥水化的促进作用。

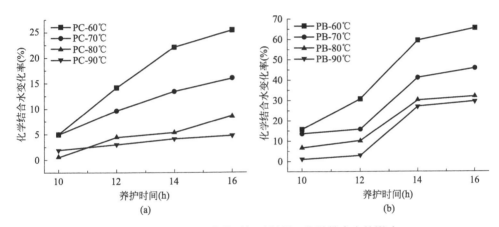

图 3.1-9　延长恒温养护时间对混凝土化学结合水的影响
（a）纯水泥混凝土；（b）矿渣混凝土

（2）提高恒温温度对水化产物的化学结合水的影响

图 3.1-10（a）为提高恒温温度对纯水泥的水化产物的化学结合水的影响，图中以恒温温度 70℃、80℃、90℃对应的化学结合水量相对恒温温度 60℃对应的化学结合水量的变化率为纵坐标。当变化率为正值时，说明提高恒温温度促进了胶凝材料的水化，当变化率为负值时，说明提高恒温温度抑制了胶凝材料的水化。从图 3.1-10（a）中可以明显看到，随着养护温度的升高，纯水泥的水化产物的化学结合水的变化率并不是一直增长，有的先增后降，有的基本保持不变，有的一直下降。并且当高温养护时间较短时，化学结合水的变化率先增后降；当高温养护时间较长时，化学结合水的变化率几乎一直下降。

在水泥水化的初期，反应为化学控制，温度越高，化学反应速率越快。但随着水泥的水化产物不断增多，水泥颗粒的表面覆盖的 C-S-H 凝胶层越厚，反应逐渐变为扩散控制，水化的速率在很大程度上取决于水穿透 C-S-H 凝胶层渗透至未反应的水泥颗粒表面的速率。很容易理解，如果水泥初期的水化速率过快，会使水泥颗粒表面过早形成很厚的 C-S-H 凝胶层，从而影响后期的水化。

从图 3.1-10(a) 中可以看到，在绝大多数情况下，温度从 60℃升高至 70℃时，水泥水化产物的化学结合水增大（只有在养护时间为 16h 时，化学结合水几乎没有变化），这说明从促进水泥水化的角度而言，将恒温温度提高到 70℃是有效的。但只有养护时间为 8h 时，温度从 70℃升高至 80℃会使化学结合水继续增大，这说明对于水泥而言，提高养护温度对促进其水化的效果不及延长养护时间。这是因为水泥本身的活性较高，当提高养护温度使其活性达到一个比较高的程度时，延长养护时间可以使其达到比较高的反应程度；而当提高养护温度使其初始水化速率达到一

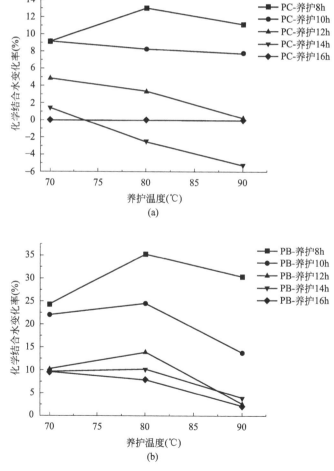

图 3.1-10　延长恒温温度对混凝土化学结合水的影响
(a) 纯水泥混凝土；(b) 矿渣混凝土

个非常高的程度时，过快形成的 C-S-H 凝胶层反而抑制了之后的水化，在相同的水化时期内达到的水化程度反而不及水化速率较低时的情况。

图 3.1-10（b）显示的是延长恒温温度对含有大掺量矿渣的胶凝材料的水化产物的化学结合水的影响。从图中可以看出：养护温度从 60℃ 提高至 70℃ 时，所有组的化学结合水增大；养护温度从 70℃ 提高至 80℃ 时，养护时间为 8h、10h、12h 对应的化学结合水增大，养护时间为 14h 和 16h 对应的化学结合水基本不变或略减小；温度从 80℃ 提高至 90℃ 时，所有组的化学结合水量降低。

图 3.1-10（b）的结果显示，如果恒温养护时间不超过 12h 时，对于含大掺量矿渣的胶凝材料，将养护温度提高至 80℃ 时对提高水化程度是有效果的，将图 3.1-10（a）与图 3.1-10（b）对比可以发现，提高养护温度对含大掺量矿渣的胶凝材料的水化促进作用比水泥更明显，这是因为提高养护温度既促进了水泥的反应，又激发了矿渣的活性。除此之外，对于含大掺量矿渣的胶凝材料，尽管水泥有更大的水化空间，但当养护温度过高时，也不利于其水化。这可能是因为在含大掺量矿渣的胶凝材料中，水泥的有效水灰比更大，加之水化温度很高，初期水化速率过快。

2. 矿渣的反应程度

图 3.1-11 是不同养护温度和恒温期养护时间对矿渣反应程度的影响。从图中可以看出：无论是在 60℃ 的条件下进行蒸养还是在 80℃ 的条件下进行蒸养，随着恒温期养护时间的延长，矿渣的反应程度都会增大。80℃ 条件下矿渣的反应程度更高，这是因为高温养护时间越长，对矿渣的水化反应促进作用的时间也越长，矿渣的反应程度自然就增大了。

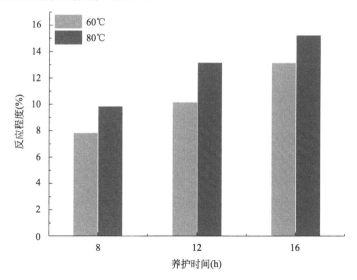

图 3.1-11　恒温养护时间和提高恒温温度分别对矿渣反应程度的影响

3.1.5 延长恒温时间和提高恒温温度对混凝土性能的影响

本章节研究恒温期对混凝土性能的影响，主要关注混凝土的三个性能：拆模强度、强度发展规律以及氯离子渗透性。本章节的试验选用了三种养护温度：60℃、70℃、80℃。在试验过程中，静停时间均设置为3h，所采用的恒温时间包括8h、9h、10h、11h、13h。混凝土的配合比如表3.1-4所示，所有混凝土中的胶凝材料总量为350kg/m³，水胶比为0.46。矿渣的掺量设置为30％、40％、50％、60％，本章研究的蒸养混凝土的强度等级是C30。

混凝土的配合比（kg/m³） 表3.1-4

样品编号	水泥	矿渣	细骨料	粗骨料	水
C	350	0	812	1077	161
B30	245	105	812	1077	161
B40	210	140	812	1077	161
B50	175	175	812	1077	161
B60	140	210	812	1077	161

1. 拆模强度

图3.1-12(a) 以蒸养恒温期60℃、9h养护下的纯水泥混凝土作参照，研究在保持养护温度60℃不变的前提下，延长养护时间对含大掺量矿渣混凝土的拆模强度的影响。从图中可以看出，在保持养护温度60℃不变的前提下，将蒸养恒温时间从9h延长至11h时，B30、B40两组混凝土的拆模强度接近或超过纯水泥混凝土，但B50混凝土和B60混凝土的拆模强度明显低于纯水泥混凝土。由此可以看出，当矿渣的掺量为30％和40％时，仅通过适当延长养护时间就可以使蒸养混凝土获得满意的拆模强度；但当矿渣的掺量为50％和60％时，仅通过延长养护时间的方式难以获得满意的拆模强度。

图3.1-12(b) 以蒸养恒温期60℃、9h养护下的纯水泥混凝土作参照，研究提高养护温度和延长养护时间对含大掺量矿渣混凝土的拆模强度的影响。从图中可以看出，保持9h的高温养护时间不变，将恒温温度提升至80℃，B30、B40组混凝土的拆模强度与C组混凝土的拆模强度接近，B50组混凝土的拆模强度虽然超过20MPa，但相比于C组混凝土，B50组混凝土的拆模强度已有了明显的下降。可以推测，若在80℃的高温下恒温蒸养9h，则B60混凝土的强度将更低。这说明当矿渣的掺量为30％和40％时，仅提高养护温度就可以使蒸养混凝土获得满意的拆模强度，而当矿渣的掺量为50％时，就需要辅以延长养护时间。将恒温养护时间延长至10h，B60混凝土的拆模强度也能与C组混凝土的拆模强度接近。

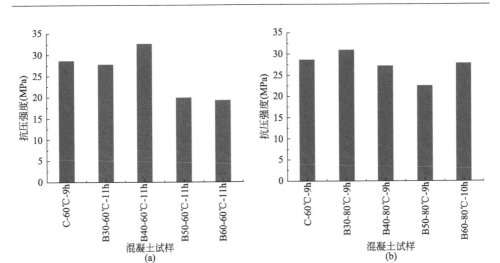

图 3.1-12　含大掺量矿渣的蒸养混凝土与纯水泥蒸养混凝土的拆模强度对比

（a）延长恒温时间；（b）提高恒温温度和延长恒温时间

2. 强度发展规律

图 3.1-13 是含大掺量矿渣蒸养混凝土与纯水泥蒸养混凝土的强度发展对比。图 3.1-13（a）为 80℃下高温养护，图 3.1-13（b）为 60℃下高温养护。无论采用了延长养护时间还是提高养护温度，或是既延长养护时间又提高养护温度的方式，含大掺量矿渣的蒸养混凝土均能够获得满意的 3d、28d、90d 强度。而且矿渣的掺量较大时，蒸养混凝土的后期强度高于纯水泥蒸养混凝土。

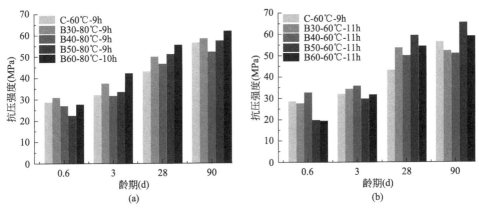

图 3.1-13　含大掺量矿渣的蒸养混凝土与纯水泥蒸养混凝土的强度发展对比

（a）80℃养护；（b）60℃养护

第一，矿渣能够在 60℃的条件下发挥相对较高的早期活性，对拆模强度和早期强度做出相对较大的贡献；第二，矿渣能够在 80℃条件下发挥更大的早期活性；第三，即使在 80℃的条件下蒸养，含大掺量矿渣的混凝土仍然能够获得满意的后期强度，这说明矿渣在蒸养混凝土的后期强度持续增长中起到了重要的作用，即矿渣经历了高温蒸养之后依然能够在后期发生持续较高的火山灰反应。

3. 氯离子渗透性

从图 3.1-14 可以看出，28d 龄期时，含矿渣的蒸养混凝土的氯离子渗透性等级为"中"或"低"；90d 龄期时，含矿渣的蒸养混凝土的氯离子渗透性等级为"低"或"很低"；矿渣的掺量较大时，混凝土的抗氯离子渗透性更好一些。总体而言，相对于纯水泥混凝土，含矿渣的混凝土能够获得更好的抗氯离子渗透性。此外，对于含矿渣的蒸养混凝土而言，其氯离子渗透性并未因养护温度的差异而产生明显的差异，这是因为延长养护时间和提高养护温度对矿渣的反应有相近的促进作用。

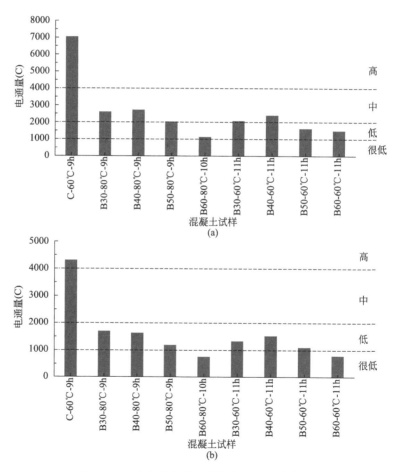

图 3.1-14　含矿渣的蒸养混凝土的氯离子渗透性

（a）28d 龄期；（b）90d 龄期

3.2 粉煤灰蒸养混凝土

3.2.1 试验配合比与蒸养制度

本章节研究了静停时间对纯水泥和含有大量粉煤灰混凝土性能的影响，其中净浆的配合比如表 3.2-1 所示，混凝土的配合比如表 3.2-2 所示。

净浆的配合比　　　　　　　　　　表 3.2-1

样品编号	胶凝材料组成（%）		水胶比
	水泥	粉煤灰	
PC	100	0	0.3
PF	50	50	0.3

混凝土的配合比（kg/m³）　　　　　　表 3.2-2

样品编号	水泥	粉煤灰	细骨料	粗骨料	水
C	350	0	812	1077	161
F	210	140	812	1077	161
CC	450	0	802	1063	135
FF	270	180	802	1063	135

针对上述的净浆和混凝土，设置了三种蒸养制度，这三种蒸养制度的升温时间、恒温时间、降温时间是相同的，但静停时间不同。三种养护制度分别为：养护方式 1（静停 1h＋升温 1h＋恒温 7h＋降温 5h）、养护方式 2（静停 3h＋升温 1h＋恒温 7h＋降温 5h）、养护方式 3（静停 6h＋升温 1h＋恒温 7h＋降温 5h）。成形的样品处在静停期时，养护温度为 20±1℃，相对湿度大于 95%。

3.2.2 60℃条件下静停时间对胶凝材料水化和混凝土性能的影响

1. 化学结合水

从图 3.2-1 可以看出，所有的化学结合水变化率均在±5%以内。这就说明无论是对 PC 组、PF 组中哪一种胶凝体系，无论是对 28d 还是 90d 的化学结合水，在 1h、3h、6h 不同的静停时间的蒸养制度下，后期的化学结合水量相差很小。也就是说，虽然不同的静停时间对应着不同的水化放热阶段，但静停时间的不同对胶凝材料后期的水化程度影响很小。

2. 净浆强度

图 3.2-2 是静停时间为 3h 或 6h 的浆体相对静停时间为 1h 的浆体的强度增

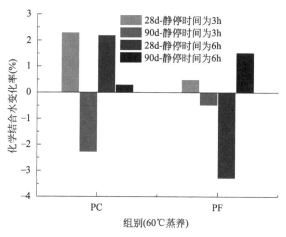

图 3.2-1　静停时间为 3h 和 6h 的浆体相对静停时间为 1h 的浆体在 28d 和
90d 龄期的化学结合水变化率

长率。从图中可以看到 PC 组、PF 组中的强度增长率均介于±10％之间。这就
说明，不同的静停时间对 PC 组 PF 组浆体的后期强度的影响均不大。

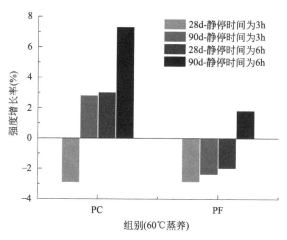

图 3.2-2　静停时间为 3h 和 6h 的浆体相对静停时间为 1h 的浆体在 28d 和 90d 龄期的强度增长率

3. 混凝土抗压强度

图 3.2-3 是 4 种混凝土的静停时间 3h 或 6h 相对静停时间 1h 的强度增长率。
从图 3.2-3 可以看出，对于 28d 龄期时的抗压强度，静停时间 3h 或 6h 的各组混
凝土对静停时间 1h 的强度增长率均在±10％以内，这说明静停时间的长短对各
组混凝土 28d 龄期时的抗压强度的影响不大。在 90d 龄期时，对 C 组、F 组、
CC 组混凝土，静停时间 3h 或 6h 的混凝土对静停时间 1h 的强度增长率均在

±10％以内，这说明静停时间的长短对这 3 组混凝土 90d 抗压强度的影响不大。

下面来重点分析 FF 组 90d 的抗压强度。事实上，F 组的 90d 强度增长率也略高于其他各组（除 FF 组外）。对 FF 组混凝土，相较于静停时间为 1h 的抗压强度，静停时间为 3h 和 6h 的抗压强度增长率分别达到了 8.2％和 15.9％。由此可见，延长静停时间对 FF 组混凝土 90d 的抗压强度有一定的促进作用。之前的数据与分析表明，静停时间的长短对净浆体系后期的性能影响很小，这就说明静停时间的长短对 FF 组混凝土过渡区有影响，并且是静停时间越长，对 FF 组混凝土后期的过渡区改善作用越大。众所周知，过渡区是混凝土最薄弱的地方。粉煤灰在水化早期是显示水化惰性的，粉煤灰在早期吸收水的能力要远弱于水泥，所以掺加大量粉煤灰的混凝土在早期的过渡区就会比较薄弱。而粉煤灰的掺入明显延长了胶凝材料的水化诱导期，因此延长早期静停时间可以提高早期含大掺量粉煤灰的混凝土抵抗蒸养对过渡区弱化的能力。因而表现为延长静停时间对 FF 组混凝土后期的抗压强度有一定的促进作用。

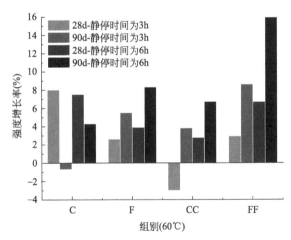

图 3.2-3　静停时间为 3h 和 6h 的混凝土相对静停时间为 1h 的混凝土
在 28d 和 90d 龄期强度增长率

4.　混凝土的氯离子渗透性

图 3.2-4 是普通混凝土和高强混凝土在 90d 龄期时的氯离子渗透性。图中可看出 C 组混凝土的氯离子渗透性等级低，其余 3 组混凝土的氯离子渗透性等级很低。并且，对于以上每一组混凝土，不同的静停时间所引起的 6h 通过的库仑电量差异也很小。因此，可以得出结论，静停时间的不同对混凝土后期的氯离子渗透性影响很小。

从 FF 组混凝土的抗压强度与抗氯离子渗透性来看，延长静停时间有助于提高 FF 组混凝土的抗压强度，但对 FF 组混凝土的抗氯离子渗透性影响不大。造成这种现象的原因可能是混凝土过渡区的改善对抗氯离子渗透性的影响没有对混凝土抗压强度的影响明显，并且，FF 组混凝土在静停时间为 1h 的条件下，其90d 的氯离子渗透性已经很低了，仅靠延长静停时间很难对 FF 组混凝土的氯离子渗透性有进一步的显著改善。

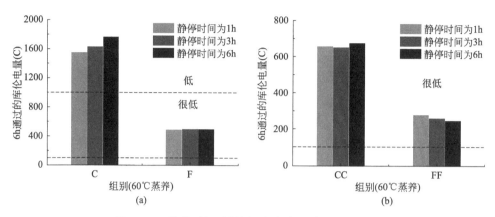

图 3.2-4 静停时间对混凝土的氯离子渗透性的影响
(a) 普通混凝土；(b) 高强混凝土

3.2.3 80℃ 条件下静停时间对胶凝材料水化和混凝土性能的影响

1. 化学结合水

图 3.2-5 显示的是在 80℃ 的蒸养条件下，静停时间为 3h 或 6h 的浆体相对静停时间为 1h 的浆体的化学结合水变化率。从这图中可以很明显地看出，所有的

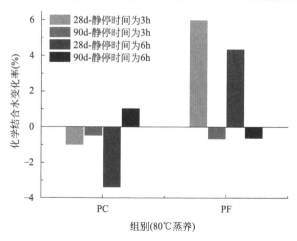

图 3.2-5 静停时间为 3h 和 6h 的浆体相对静停时间为 1h 的浆体
在 28d 和 90d 龄期化学结合水变化率

化学结合水变化率均在±6％以内。这就充分地说明了无论是对 PC 组、PF 组中的哪一种胶凝体系，无论是对 28d 还是 90d 龄期时的化学结合水，在 1h、3h、6h 不同的静停时间的蒸养制度下，后期的化学结合水量相差很小。也就是说，尽管蒸养恒温期的温度提高到 80℃，静停时间的长短对胶凝材料后期的水化程度影响依然很小。

2. 净浆强度

图 3.2-6 显示的是静停时间为 3h 或 6h 的浆体相对静停时间为 1h 的硬化浆体的强度增长率。从图中可以清楚地了解到 PC 组和 PF 组的强度增长率均介于±10％之间。这就说明总体而言，不同的静停时间对 PC 组和 PF 组浆体的后期强度的影响均不大。

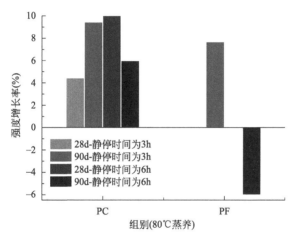

图 3.2-6　静停时间为 3h 和 6h 的浆体相对静停时间为 1h 的浆体
在 28d 和 90d 龄期时的强度增长率

3. 混凝土抗压强度

图 3.2-7 是在恒温期 80℃的条件下，四种混凝土在 28d 和 90d 龄期时，静停时间 3h 或 6h 相对静停时间 1h 的强度增长率。从图中可以看出，所有的强度增长率均在±8％以内。这个结果说明，在恒温期 80℃的条件下蒸养，虽然不同的静停时间对浆体的微观结构存在一定的影响，但对混凝土抗压强度的影响甚微。

4. 混凝土的氯离子渗透性

图 3.2-8 显示的是在恒温期 80℃的条件下，普通混凝土和高强混凝土在 90d 的抗氯离子渗透性。根据美国标准《混凝土抗氯离子渗透能力的电指示的标准试验方法》ASTM C1202 的规定，C 组混凝土的氯离子渗透性等级低，F 组、CC 组、BB 组、FF 组混凝土的氯离子渗透性等级很低。由此可知在恒温期 80℃的条件下进行蒸养，静停时间的不同对混凝土后期的氯离子渗透性影响很小。

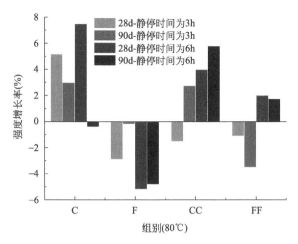

图 3.2-7 28d 和 90d 龄期时，静停时间为 3h 和 6h 混凝土
相对静停时间为 1h 的混凝土的强度增长率

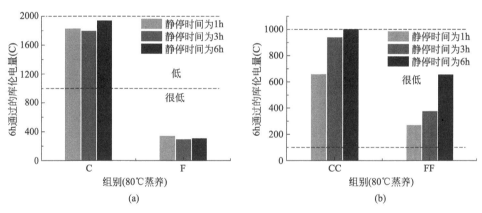

图 3.2-8 静停时间对混凝土的氯离子渗透性的影响
(a) 普通混凝土；(b) 高强混凝土

3.2.4 延长恒温时间与提高恒温温度对胶凝材料水化性能的影响

本章节专门就恒温时间与恒温温度对纯水泥混凝土和掺大量粉煤灰胶凝材料的水化性能的影响进行研究。在章节的研究中，因为主要利用化学结合水与矿物掺合料的反应程度两个工具，所以选用的试样为净浆，其配合比如表 3.2-3 所示。在试验过程中，静停时间均设置为 3h，所采用的恒温温度包括 60℃、70℃、80℃、90℃，所采用的恒温时间包括 8h、10h、12h、14h、16h。

净浆的配合比　　　　　　　　表 3.2-3

样品编号	胶凝材料的组成（％）		水胶比
	水泥	粉煤灰	
PC	100	0	0.4
PF	60	40	0.4

1. 水化产物的化学结合水

（1）延长恒温时间对水化产物的化学结合水的影响

图 3.2-9（a）是延长恒温养护时间对纯水泥的水化产物化学结合水的影响。图中以高温养护 10h、12h、14h、16h 的化学结合水量相对 8h 的化学结合水量的变化率为纵坐标，从图中可以清楚地了解到以下两点规律：一是无论恒温期的养护温度是多少，随着养护时间的延长，纯水泥的水化产物的化学结合水量都增加；二是恒温期的养护温度越低，随着养护时间的延长，纯水泥的水化产物的化学结合水量的增长率就越大。

图 3.2-9（a）中的第一个规律显示，尽管水泥的早期水化速率很快，且高温养护使水泥的水化速率进一步加快，但在高温养护 16h 内水泥的水化程度依然是不断增长的，即水泥的水化程度在 16h 的高温养护时间内是不断增长的。第二个规律显示，如果恒温期的养护温度过高，则 8h 的恒温期就足以使得水泥的水化程度达到较高的水平，在此基础上再延长高温养护的时间，对于进一步提高水泥的水化程度的贡献就变小。从图 3.2-9（a）中可以看出，80℃ 和 90℃ 对应的两条曲线的数值比较接近，明显小于 60℃ 和 70℃ 对应的曲线的数值。

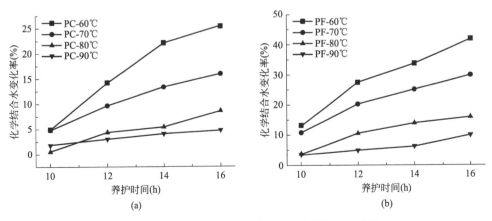

图 3.2-9　延长恒温养护时间对混凝土化学结合水的影响
（a）纯水泥混凝土；（b）粉煤灰混凝土

图 3.2-9(b) 显示的是延长恒温养护时间对含有大掺量粉煤灰的胶凝材料的化学结合水的影响。将图 3.2-9(a) 与图 3.2-9(b) 对比可以看到,在同样的养护温度时,延长养护时间对于提高 PF 组的化学结合水量的影响程度高于 PC 组,这说明延长养护时间对于提高粉煤灰的反应程度有比较明显的促进作用。值得提出的是,恒温养护温度为 90℃ 时,养护时间从 8h 增加至 16h,PF 组的化学结合水量增长率不足 10%。

(2) 提高恒温温度对水化产物的化学结合水的影响

图 3.2-10(a) 显示的是提高恒温温度对纯水泥的水化产物的化学结合水的影响,图中以恒温温度 70℃、80℃、90℃ 对应的化学结合水量相对恒温温度 60℃ 对应的化学结合水量的变化率为纵坐标。当变化率为正值时,说明提高恒温温度促进了胶凝材料的水化,当变化率为负值时,说明提高恒温温度抑制了胶凝材料的水化。

从图 3.2-10(a) 中可以明显看到,随着养护温度的升高,纯水泥的水化产物的化学结合水的变化率并不是一直增长,有的先增后降,有的基本保持不变,有的一直下降。并且当高温养护时间较短时,化学结合水的变化率先增后降;当高温养护时间较长时,化学结合水的变化率几乎一直下降。

在水泥水化的初期,反应为化学控制,温度越高,化学反应速率越快。但随着水泥的水化产物不断增多,水泥颗粒表面覆盖的 C-S-H 凝胶层越厚,反应逐渐变为扩散控制,水化速率在很大程度上取决于水穿透 C-S-H 凝胶层渗透至未反应的水泥颗粒表面的速率。很容易理解,如果水泥初期的水化速率过快,会使水泥颗粒表面过早形成很厚的 C-S-H 凝胶层,从而影响后期的水化。

从图 3.2-10(a) 中可以看到,在绝大多数情况下,温度从 60℃ 升高至 70℃ 时,水泥水化产物的化学结合水增大(只有在养护时间为 16h 时,化学结合水几乎没有变化),这说明从促进水泥水化的角度而言,将恒温温度提高到 70℃ 是有效的。但只有养护时间为 8h 时,温度从 70℃ 升高至 80℃ 会使化学结合水继续增大,这说明对于水泥而言,提高养护温度对促进其水化的效果不及延长养护时间。这是因为水泥本身的活性较高,当提高养护温度使其活性达到一个比较高的程度时,延长养护时间可以使其达到比较高的反应程度;而当提高养护温度使其初始水化速率达到一个非常高的程度时,过快形成的 C-S-H 凝胶层反而抑制了之后的水化,在相同的水化时期内达到的水化程度反而不及水化速率较低时的情况。

图 3.2-10(b) 显示的是延长恒温温度对含有大掺量粉煤灰胶凝材料的水化产物的化学结合水的影响。图中可以看出:养护温度从 60℃ 提高至 70℃ 时,所有组的化学结合水增大;养护温度从 70℃ 提高至 80℃ 时,养护时间为 8h、10h、

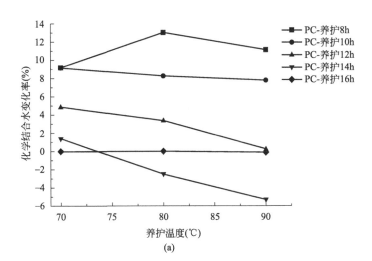

(a)

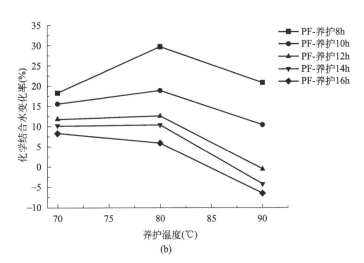

(b)

图 3.2-10　延长恒温温度对混凝土化学结合水的影响
(a) 纯水泥混凝土；(b) 粉煤灰混凝土

12h 对应的化学结合水增大，养护时间为 14h 和 16h 对应的化学结合水基本不变或略减小；温度从 80℃提高至 90℃时，所有组的化学结合水量降低。值得关注的是，对于含大掺量粉煤灰的胶凝材料，养护时间为 14h 和 16h 时，恒温温度 90℃的化学结合水相对恒温温度 60℃的化学结合水量的变化率为负值。

图 3.2-10(b) 的结果显示，如果恒温养护时间不超过 12h 时，对于含大掺量粉煤灰胶凝材料，将养护温度提高至 80℃时对于提高水化程度是有效果的，而且将 3.2-10(b) 与图 3.2-10(a) 对比可以发现，提高养护温度对含大掺量粉煤灰胶凝材料的水化促进作用比水泥更明显，这是因为提高养护温度既促进了水

泥的反应，又激发了粉煤灰的活性。除此之外，对于含大掺量粉煤灰胶凝材料，尽管水泥有更大的水化空间，但当养护温度过高时，也不利于其水化。这可能是因为在含大掺量粉煤灰胶凝材料中，水泥的有效水灰比更大，加之水化温度很高，初期水化速率过快。

2. 粉煤灰的反应程度

图 3.2-11 是恒温养护时间和提高恒温温度对粉煤灰反应程度的影响。

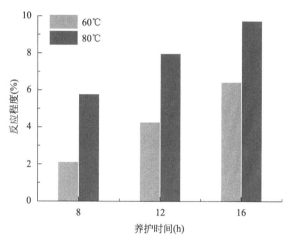

图 3.2-11　恒温养护时间和提高恒温温度对粉煤灰反应程度的影响

从图中可以看出，无论是在 60℃ 的条件下进行蒸养还是在 80℃ 的条件下进行蒸养，随着恒温期养护时间的延长，粉煤灰的反应程度都会增大。这是因为高温养护时间越长，对粉煤灰的水化反应促进作用的时间也越长，粉煤灰的反应程度自然就增大了。图中显示，粉煤灰在 60℃ 条件下的 8h 反应程度仅为 2.1%，这么低的反应程度已经接近可以忽略不计的程度了，那么粉煤灰基本上只起到了微集料填充的作用；粉煤灰在 60℃ 条件下的 16h 反应程度为 6.4%，尽管比 8h 的反应程度明显提高，但从绝对值上来讲，仍然是一个很低的水平，在这种情况下很难使混凝土获得满意的早期强度。

3.2.5　延长恒温时间和提高恒温温度对混凝土性能的影响

本章节研究恒温期对混凝土性能的影响，主要关注混凝土的三个性能：拆模强度、强度发展规律以及氯离子渗透性。本章的试验选用了三种养护温度：60℃、70℃、80℃，在试验过程中，静停时间均设置为 3h，所采用的恒温时间包括 8h、9h、10h、11h、13h。混凝土的配合比如表 3.2-4 所示，所有混凝土中的胶凝材料总量为 350kg/m³，水胶比为 0.46。粉煤灰的掺量设置为 30%、40%、50%、60%，本章研究的蒸养混凝土的强度等级是 C30。

混凝土的配合比（kg/m³）　　　　　　　表 3.2-4

样品编号	水泥	粉煤灰	细骨料	粗骨料	水
C	350	0	812	1077	161
F30	245	105	812	1077	161
F40	210	140	812	1077	161
F50	175	175	812	1077	161
F60	140	210	812	1077	161

1. 拆模强度

图 3.2-12 显示的是含大掺量粉煤灰的蒸养混凝土与纯水泥蒸养混凝土的拆模强度对比。图 3.2-12(a) 是以蒸养恒温期 60℃、8h 条件下的纯水泥混凝土作参照，探究在保持养护时间 8h 不变的前提下，通过改变蒸养恒温温度的手段，以提高含大掺量粉煤灰混凝土的拆模强度。纯水泥混凝土在恒温期 60℃、8h 条件下的拆模强度接近 23MPa，对于 C30 强度等级的混凝土，该拆模强度应该是比较理想的。对粉煤灰掺量为 30% 的 F30 组混凝土，可以看出在 8h 恒温期的条件下，70℃的高温还不足以使得 F30 组混凝土的拆模强度达到 20MPa 以上，而在 8h 恒温期的条件下，80℃的高温就足以使得 F30 组混凝土的拆模强度达到 20MPa 以上。因此，对于含大掺量粉煤灰的混凝土，为获得满意的拆模强度，养护温度需高于 70℃。将粉煤灰的掺量增加到 40% 时，可以看出，8h 恒温期的条件下，80℃的高温也可以使得 F40 组混凝土的拆模强度达到 20MPa 以上。但当粉煤灰的掺量增加到 50% 时，若保持 8h 恒温期的条件不变，80℃的高温已经不能使 F50 组混凝土的拆模强度达到要求。在上一章研究恒温期对含有大掺量粉煤灰的胶凝材料的水化性能时已经指出，当恒温期温度由 80℃升高到 90℃时，胶凝材料的水化程度将反而下降，因此可以大胆预测，恒温期 90℃下持续 8h 后 F50 的拆模强度将更低。

图 3.2-12(b) 是以蒸养恒温期 60℃、9h 条件下的纯水泥混凝土作参照，研究延长养护时间和提高养护温度对含大掺量粉煤灰的混凝土的拆模强度的影响。纯水泥混凝土在恒温期 60℃、9h 条件下的拆模强度接近 30MPa，这个拆模强度更加理想。粉煤灰掺量为 30% 时，混凝土在恒温期 80℃、9h 条件下的拆模强度高于 35MPa，这说明当粉煤灰的掺量较低时，80℃的养护温度比较容易使混凝土获得满意的拆模强度。值得注意的是，F30 混凝土在恒温期 60℃、11h 条件下的拆模强度明显低于在恒温期 80℃、9h 条件下的拆模强度，这说明对于含粉煤灰的混凝土而言，提高蒸养温度比延长养护时间更有效。粉煤灰掺量为 40% 时，混凝土在恒温期 80℃、9h 条件下的拆模强度与纯水泥混凝土接近，但其在恒温期 60℃、11h 条件下的拆模强度明显低于纯水泥混凝土（而且低于 20MPa），这

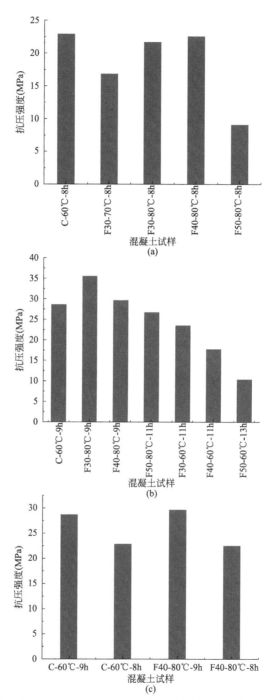

图 3.2-12　含大掺量粉煤灰的蒸养混凝土与纯水泥蒸养混凝土的拆模强度对比

（a）恒温时间为 8h，改变恒温温度；（b）改变恒温时间和恒温温度；

（c）粉煤灰的掺量为 40％时，改变恒温时间再次说明提高养护温度对含大掺量粉煤灰的混凝土的拆模强度更有效。粉煤灰掺量为 50% 时，混凝土在恒温期 80℃、11h 条件下的拆模强度略低于纯水泥混凝土，但其在恒温期 60℃、13h 条件下的拆模强度明显低于纯水泥混凝土，这说明当粉煤灰的掺量较大时，通过提高蒸养温度和适当延长养护时间，也可以获得满意的拆模强度，但仅通过延长养护时间的方法很难实现。

从对图 3.2-12(a) 与图 3.2-12(b) 的分析中可以看出，粉煤灰最适宜的掺量是 40%，最适宜的蒸养恒温期温度是 80℃，恒温时间是 8h 或 9h，因为此时不仅粉煤灰的掺量较大，而且拆模强度也能达到要求。

从图 3.2-12(c) 中可以看出，对于纯水泥混凝土和含 40% 粉煤灰的混凝土，恒温时间从 8h 增长到 9h，拆模强度均明显提高，这说明延长养护时间对提高这两种混凝土的拆模强度均具有较大的效果。这也再次说明，粉煤灰的掺量为 40% 时，混凝土的拆模强度比较容易调控，当养护温度为 80℃ 时，仅 1h 的养护时间的延长便可以获得更加理想的拆模强度。

综上所述，为使含大掺量粉煤灰的蒸养混凝土获得满意的拆模强度，粉煤灰的掺量不宜超过 40%，且养护温度需达到 80℃。

2. 强度发展规律

图 3.2-13 是含大掺量粉煤灰的蒸养混凝土与纯水泥蒸养混凝土的强度发展对比。图 3.2-13(a) 显示的是粉煤灰混凝土在 80℃ 下高温养护的结果。从图中可以看出，尽管含大掺量粉煤灰的蒸养混凝土能够获得满意的拆模强度和比较高的 3d 强度，但其 28d 和 90d 强度与纯水泥蒸养混凝土相比有较大的差距。也就是说，含大掺量粉煤灰的蒸养混凝土的强度增长在 3d 龄期后非常缓慢。这与普通的粉煤灰混凝土的强度增长规律是不一样的，一般情况下，粉煤灰的掺量越大，粉煤灰后期的火山灰反应对强度的贡献越大，混凝土的后期强度增长空间越大。很显然，高温提高了混凝土早期的拆模强度，但对后期的混凝土强度的增长不利。图 3.2-13(b) 显示的是粉煤灰混凝土在 60℃ 下高温养护的结果。从图中可以看出，尽管各组含粉煤灰的混凝土的拆模强度均低于 C 组混凝土的拆模强度但后期强度有比较大的增幅，F30 和 F40 的强度接近甚至超过 C 组混凝土。

很显然，将含大掺量粉煤灰的混凝土的蒸养温度提高至 80℃ 是对后期强度发展不利的。这可能有两个原因：一是粉煤灰早期的反应程度很低，使水泥的有效水灰比明显增大，当蒸养温度为 80℃ 时，水泥的早期反应非常剧烈，在水泥颗粒和粉煤灰颗粒表面形成致密的 C-S-H 凝胶层，对于整个胶凝体系的后期进一步水化非常不利；二是粉煤灰的后期火山灰反应受到限制，这可能一方面由于粉煤灰的表面被 C-S-H 凝胶层包裹，另一方面，水泥的水化产物分布极不均匀，大量 $Ca(OH)_2$ 定向结晶分布，粉煤灰与 $Ca(OH)_2$ 的接触减少。

从图 3.2-13(a) 中可以看出，当粉煤灰的掺量为 30% 时，混凝土勉强达到

C30 的强度等级要求；而当粉煤灰的掺量为 40％时，混凝土达不到 C30 的强度
等级要求。因此，含大掺量粉煤灰的蒸养混凝土的后期强度是一个需要关注的问
题。但这里需要指出的是，本章节的研究是在等水胶比的前提下进行的，在实际
工程中，对于大掺量粉煤灰混凝土，通常会适当降低水胶比。可以推断，对于粉
煤灰掺量为 40％的蒸养混凝土，如果适当降低水胶比，可以比较容易地实现
C30 的强度等级要求，并且拆模强度也会更高。

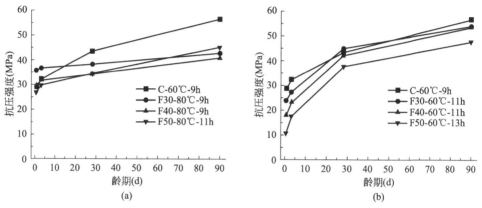

图 3.2-13　含大掺量粉煤灰的蒸养混凝土与纯水泥蒸养混凝土的强度发展对比

(a) 80℃养护；(b) 60℃养护

3. 氯离子渗透性

图 3.2-14 显示的是含粉煤灰的混凝土的氯离子渗透性，其中图 3.2-14(a)
是 28d 的氯离子渗透性，图 3.2-14(b) 是 90d 的氯离子渗透性。根据美国标准
《混凝土抗氯离子渗透能力的电指示的标准试验方法》ASTM C1202 对氯离子渗
透性等级的分类，在 28d 龄期时，采用 60℃高温蒸养的纯水泥混凝土的氯离子渗
透性等级为"高"，采用 80℃高温蒸养的各组含粉煤灰的混凝土的氯离子渗透性等
级为"很低"，采用 60℃高温蒸养的各组含粉煤灰的混凝土的氯离子渗透性等级为
"低"。在 90d 龄期时，采用 60℃高温蒸养的纯水泥混凝土的氯离子渗透性等级为
"高"，采用 60℃和 80℃高温蒸养的各组含粉煤灰的混凝土的氯离子渗透性等级均
为"很低"。

从这些结果可以很明显地看出，掺有粉煤灰的蒸养混凝土的抗氯离子渗透性
要比纯水泥蒸养混凝土的好得多，这也是在蒸养混凝土中大量掺加粉煤灰的优势
之一。粉煤灰可以改善混凝土的后期抗氯离子渗透性是被大量试验证实的，其主
要原因在于粉煤灰的火山灰反应对混凝土的孔结构有较大的改善，二次水化产物
使混凝土的连通孔隙率降低。因此，粉煤灰的反应程度越高，对混凝土的抗氯离
子渗透性的贡献越大。早期的高温蒸养能够明显激发粉煤灰的活性，提高粉煤灰
的反应程度，因而使蒸养混凝土获得比较好的抗氯离子渗透性。图中 3.2-14(a)

显示，在 28d 龄期时，在 80℃条件下蒸养混凝土的氯离子渗透性比在 60℃条件下蒸养混凝土的氯离子渗透性还低一个等级，这是因为提高养护温度比延长养护时间更能够激发粉煤灰的早期活性，提高粉煤灰的反应程度。

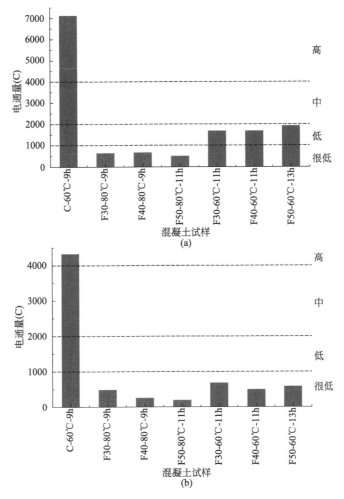

图 3.2-14　含粉煤灰的蒸养混凝土的氯离子渗透性

（a）28d 龄期；（b）90d 龄期

3.3　复合掺合料蒸养混凝土

3.3.1　试验配合比与蒸养制度

本章研究粉煤灰及矿渣在蒸养混凝土中的复合使用，以 60℃蒸养的纯水泥混凝土为对照组，研究不同配合比的大掺量复合矿物掺合料混凝土经过60℃和80℃蒸养的抗压强度以及抗氯离子渗透性的特性，以期得到复合掺合料在蒸养混凝土中的合适掺量，混凝土分为水灰比0.36的高强度混凝土和水灰比为0.46的普通强度混凝土，混凝土的配合比如表3.3-1所示：

混凝土的配合比（kg/m³）

表3.3-1

编号	水泥	粉煤灰	矿渣	粗集料	细集料	水	恒温制度
C-60	350	0	0	1077	812	161	60℃-9h
X30-60	245	70	35	1077	812	161	60℃-11h
X41-60	210	105	35	1077	812	161	60℃-11h
X42-60	210	70	70	1077	812	161	60℃-11h
X51-60	175	105	70	1077	812	161	60℃-11h
X52-60	175	70	105	1077	812	161	60℃-11h
HC-60	450	0	0	1103	735	162	60℃-11h
HC-80	450	0	0	1103	735	162	80℃-11h
HX30-60	315	90	45	1103	735	162	60℃-14h
HX30-80	315	90	45	1103	735	162	80℃-11h
HX41-60	270	135	45	1103	735	162	60℃-14h
HX41-80	270	135	45	1103	735	162	80℃-11h
HX42-60	270	90	90	1103	735	162	60℃-14h
HX42-80	270	90	90	1103	735	162	80℃-11h
HX51-60	225	135	90	1103	735	162	60℃-14h
HX51-80	225	135	90	1103	735	162	80℃-11h
HX52-60	225	90	135	1103	735	162	60℃-14h
HX52-80	225	90	135	1103	735	162	80℃-11h

对于不同强度的混凝土采取不同的养护方式，所有试件的静停时间均为3h，升温时间为1h，降温时间为5h，对于普通强度的混凝土，以C-60组作为对照组，高强度混凝土以HC-60组作为对照组。

3.3.2 复掺矿物掺合料对普通强度蒸养混凝土性能的影响

图3.3-1为单掺矿物掺合料的普通强度混凝土拆模强度，对照C-60组，F-60（F30-60、F40-60）组和B-60（B30-60、B40-60）组的恒温时间延长2h，掺入矿渣的B30-60、B40-60组拆模强度没有明显的变化，而掺入粉煤灰的F30-60、F40-60组拆模强度有明显的降低，其中F30-60组的拆模强度降低约20%，F40-60组的拆模强度降低约40%，从拆模强度考虑大掺量粉煤灰并不适合60℃的蒸养混凝土，在混凝土中掺加粉煤灰可考虑与矿渣复掺的方式。

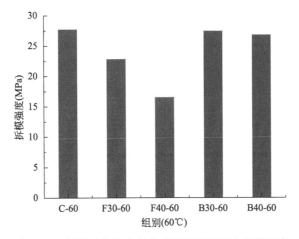

图 3.3-1　单掺矿物掺合料的普通强度混凝土拆模强度

1. 复掺矿物掺合料对普通强度蒸养混凝土拆模强度的影响

图 3.3-2 为恒温温度为 60℃复掺矿物掺合料普通强度混凝土的拆模强度，掺加矿物掺合料的 X-60（X30-60、X40-60、X42-60、X51-60、X52-60）组拆模强度较 C-60 组有所降低，在矿物掺合料总量相同的条件下，其中粉煤灰掺量较多的 X41-60、X51-60 组拆模强度较矿渣掺量较多的 X42-60、X52-60 组低，可见与矿渣相比，粉煤灰对混凝土的拆模强度有着较大的不利影响，比较 X30-60、X42-60、X52-60 组，三组粉煤灰掺量均为 20%，矿渣掺量分别为 10%、20% 和 30%，可以看到随着矿渣掺量的增加，混凝土的拆模强度递减。比较 X30-60 与 X41-60 组，X42-60 与 X51-60 组，矿渣的掺量相等，分别为 10% 和 20%，可以看到随着粉煤灰掺量的增加，混凝土的拆模强度有所降低，且降低幅度大于矿渣掺量增加时的降低幅度。与图 3.3-1 相比，X41-60、X42-60 组的拆模强度分别为 C 组的 76% 和 83%，高于 F40-60 组，但仍明显低于 B40-60 组，在普通强度 60℃蒸养混凝土中通过复掺的方式掺加矿物掺合料并不能很好地避免拆模强度的下降，但可以使一定程度上弥补掺入粉煤灰导致的拆模强度降低，可以在相同的拆模强度下使用更多的矿物掺合料。

2. 复掺矿物掺合料对普通强度蒸养混凝土强度发展的影响

图 3.3-3 为 60℃蒸养的复掺矿物掺合料普通强度混凝土的强度发展规律，以 C-60 组为对照，1d 时，X-60 组的强度均有所降低，其中强度最低的 X51-60 组拆模强度比对照组降低了 30%，最高的 X42-60 组为对照组的 90%，而 X-60 组的 3d 强度已经达到对照组的 82%～93%，28d 之后 X-60 组的强度已经高于对照组。60℃蒸养条件下，在普通强度混凝土中大量使用复合矿物掺合料并适当延长恒温时间会使早期强度有所下降，但到 3d 时矿物掺合料对混凝土强度的影响已

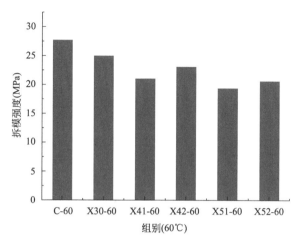

图 3.3-2　复掺矿物掺合料的普通强度混凝土拆模强度

经较小，28d 后，掺加复合矿物掺合料并适当延长恒温时间的混凝土强度表现高于纯水泥混凝土。证明对于水灰比为 0.46 的普通强度蒸养混凝土，大掺量复合矿物掺合料会导致混凝土的拆模强度有一定程度的下滑，但使其强度呈现持续性较强的增长，对于改善混凝土后期的强度有着很好的作用。

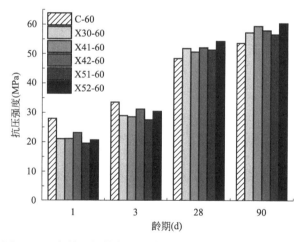

图 3.3-3　复掺矿物掺合料的普通强度混凝土强度发展规律

3. 复掺矿物掺合料对普通强度蒸养混凝土抗氯离子渗透性的影响

图 3.3-4 为恒温温度为 60℃复掺矿物掺合料普通强度混凝土 28d 和 90d 龄期时的氯离子渗透性，五组复合矿物掺合料的掺加都使混凝土的氯离子渗透性等级由"高"下降为"很低"，28d 龄期时 X30-60、X41-60、X42-60、X51-60、X52-60 组的电通量分别为 C-60 组的 21%、15%、18%、12%、18%，90d 时这一数

值变为 13%、8%、9%、6%、8%，可见复合矿物掺合料的使用对改善恒温温度为 60℃ 的普通强度蒸养混凝土的抗氯离子渗透性有着巨大的作用。不仅如此，从 28d 到 90d，尽管各组的氯离子渗透性等级并未变化，但 X 组的电通量有较为明显的下降趋势，而 C 组的下降趋势不明显，可见复合矿物掺合料对混凝土后期的耐久性也具有积极的作用。

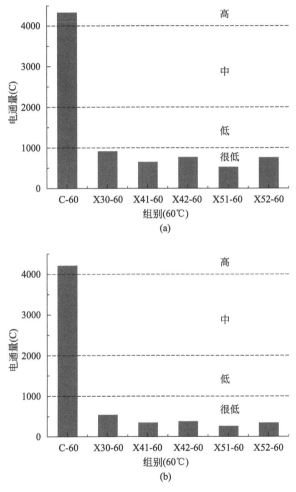

图 3.3-4　复掺矿物掺合料的普通强度混凝土氯离子渗透性
(a) 28d 龄期；(b) 90d 龄期

3.3.3　复合矿物掺合料对高强度蒸养混凝土性能的影响

之前的研究结果表明，在 60℃ 的蒸养条件下，在高强度混凝土中掺入矿物掺合料并适当延长恒温时间对混凝土的强度有一系列的影响；掺入粉煤灰会导致混凝土拆模强度的大幅下降，并造成中后期强度有所降低，掺入矿渣则可使早期强度有一定程度的提高，中后期强度略有下降。单掺矿物掺合料，尤其是单掺粉煤灰高强度混凝土在恒温温度为60℃的条件下早期强度发展过于缓慢，因此复掺是在此条件下使用粉煤灰的解决途径之一，同时可能改善混凝土后期强度，并使其耐久性进一步提升。

1. 复合矿物掺合料对高强度蒸养混凝土拆模强度的影响

图3.3-5为恒温温度为60℃条件下掺加复合矿物掺合料蒸养混凝土的拆模强度，可以看到混凝土的拆模强度基本呈现随矿物掺合料掺量增加而递减的趋势，HX30-60、HX41-60、HX42-60、HX51-60、HX52-60组的拆模强度分别为HC-60组的91％、79％、84％、67％、77％，除HX51-60组以外均达到了HC组拆模强度的75％以上，较X-60组而言HX-60组的拆模强度表现较好，这是因为高强度混凝土水灰比较低，因此在反应初期具有较高的碱度可以提高矿物掺合料的活性，在矿物掺合料总掺量相同的情况下，粉煤灰的比例越高拆模强度的下降也越多，矿渣具有较高的活性，然而HX-60组中矿渣改善拆模强度的效果却不明显，这是由于粉煤灰与矿渣复合使用时胶凝体系中提供碱度的水泥含量减少，胶凝体系整体碱度降低导致矿渣的早期活性难以得到很好地发挥。通过复掺的方法可以调整大掺量矿物掺合料混凝土的拆模强度，掺量较大时粉煤灰的比例不宜过高。

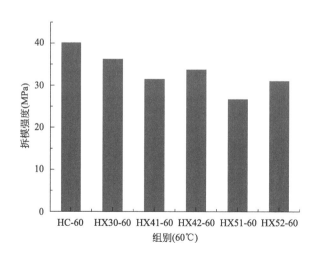

图 3.3-5　复掺矿物掺合料的高强度混凝土拆模强度

2. 复合矿物掺合料对高强度蒸养混凝土强度发展的影响

图3.3-6为恒温温度为60℃条件下HC组与HX组的强度发展规律，可以看出，恒温时间的延长无法完全弥补矿物掺合料引起的早期强度降低，在90d之前

所有复掺矿物掺合料的混凝土强度均低于纯水泥组，这是矿物掺合料活性低于水泥，且整体反应程度也较低导致的。3d 时 HX51-60 组的抗压强度达到 HC-60 组抗压强度的 76%，HX30-60 组抗压强度则达到 HC 组抗压强度的 96%，其余各组的抗压强度约为 HC-60 组抗压强度的 85% 左右。3～28d 时，HC-60 组的抗压强度仍然具有较为明显的增长，其增长幅度接近并略高于 HX-60 组，在此期间蒸养阶段未能完全水化的水泥继续反应，为混凝土的强度做出贡献，而 HX-60 组中矿物掺合料的反应速度较慢，混凝土强度呈现出长期缓慢的增长趋势。28d 之后，HC-60 组水泥的水化反应基本完成，混凝土的强度不再继续增长，而 HX 组由于矿物掺合料的大量存在，致使其内部火山灰反应持续发生，在此阶段抗压强度仍然具有较为明显的增长。可以发现即使矿渣掺量较低的 HX30-60 及 HX41-60 组，仍然表现出了良好的中后期强度发展，通过复掺矿物掺合料在恒温温度为 60℃ 的蒸汽养护混凝土中使用粉煤灰，并避免强度大幅度降低是可行的。

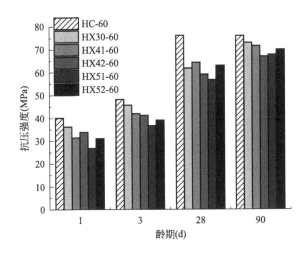

图 3.3-6　复掺矿物掺合料的高强度混凝土强度发展规律

3. 复合矿物掺合料对高强度蒸养混凝土抗氯离子渗透性的影响

图 3.3-7 为复掺矿物掺合料的高强度混凝土氯离子渗透性，可以看到矿物掺合料的掺加对蒸养混凝土的抗氯离子渗透性有着极大的改善作用，28d 龄期时的混凝土 HX-60 组较 HC-60 组氯离子渗透性等级由"中等"下降到"很低"，且随着矿物掺合料的增加有递减的趋势，90d 龄期时的氯离子渗透性与 28d 龄期时的规律相似，此时 HC-60 组的抗氯离子渗透性已经有了较大的改善，HX-60 组的氯离子渗透性等级较 HC 组由"低"下降到"很低"。

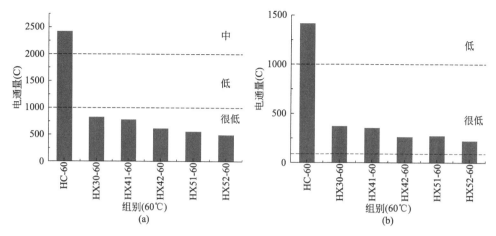

图 3.3-7　复合矿物掺合料的高强度混凝土氯离子渗透性

（a）28d 龄期；（b）90d 龄期

3.3.4　提高蒸养温度对复合矿物掺合料蒸养混凝土性能的影响

之前的研究结果表明，粉煤灰对于蒸养温度的提升十分敏感，将恒温温度从 60℃提升至 80℃时，掺加粉煤灰的混凝土拆模强度以及早期强度有十分明显的提升，但是需要在一定幅度上牺牲其后期强度，掺加矿渣的混凝土提高恒温温度后，后期强度也有一定程度的下降，但下降幅度较小。故本节以恒温温度为 80℃的高强度复合矿物掺合料蒸养混凝土为研究对象，与恒温温度为 60℃的样品对比其强度及抗氯离子渗透性，研究提高蒸养温度对高强度复合矿物掺合料混凝土的性能影响，并探究提高恒温温度的条件下此类型混凝土的可行性。

1. 提高蒸养温度对复合矿物掺合料蒸养混凝土拆模强度的影响

图 3.3-8 为将恒温温度提高至 80℃时复掺矿物掺合料混凝土的拆模强度，提高蒸养温度可以明显改善混凝土的拆模强度，经过 80℃蒸养的 HX 组拆模强度均可以超过 60℃蒸养条件下 HC 组，即仅从拆模强度考虑在混凝土中掺加复合矿物掺合料并将蒸养温度从 60℃提升至 80℃是可行的。且同在 80℃蒸养条件下，HX 组的拆模强度与 HC 组相近，当矿物掺合料掺量较大时拆模强度更高，且无论与单掺矿渣还是单掺粉煤灰的混凝土相比，相同矿物掺合料掺量下使用复合矿物掺合料的混凝土都有着更好的拆模强度表现。这是由于在 80℃蒸养条件下，所有胶凝材料的反应活性均得到了较大程度的激发，而其中活性较差的粉煤灰和矿渣的活性增长幅度远远大于反应活性本来就很高的水泥，也就是说，此时三种胶凝材料的活性差距因为蒸养温度的提升被缩小了，而胶凝材料复掺导致每一种胶凝材料都得到了更好地分散，每一种反应产物都得到了稀释，从而促进反

应的正向进行，表现在宏观性能上就是混凝土的拆模强度更高。值得注意的是 HX51 组在 60℃ 蒸养条件下强度为几组中最低的，而在 80℃ 蒸养条件下其拆模强度仅次于 HX52，可见在复合矿物掺合料掺量较大且粉煤灰比例较高时，更高的蒸养温度激发作用是十分显著的。

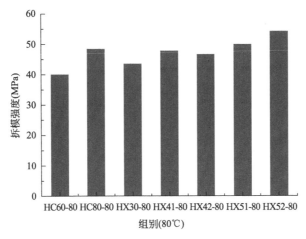

图 3.3-8　80℃蒸养复掺矿物掺合料混凝土拆模强度

2. 提高蒸养温度对复合矿物掺合料蒸养混凝土强度发展的影响

图 3.3-9 为将恒温温度提高至 80℃ 时复掺矿物掺合料混凝土的强度发展规律，与 60℃ 蒸养条件下的同配合比混凝土呈现出截然不同发展规律，80℃ 蒸养条件下各组的强度均明显高于 HC-60 组，而在 3~28d 时，HC-60 组的抗压强度增长了接近 60%，80℃ 蒸养条件下的各组抗压强度则只有微小的增长，这是由于提高蒸养温度显著促使胶凝材料早期的水化，而水化产物快速生成并聚集在未反应的胶凝材料颗粒周围，阻止反应的进一步进行，同时提高蒸养温度还导致了系统孔隙结构的劣化，进一步降低混凝土的抗压强度。而矿物掺合料较多的组由于其胶凝材料整体活性较低，即使在 80℃ 蒸养条件下反应活性也得到了很好的激发，水化反应发生的速度也不会过高，后期强度会有较为持续的增长，这也是 HX51-80、HX52-80、HX41-80、HX42-80 组的强度发展曲线处于较高位置的原因。除此之外，复合矿物掺合料中粉煤灰与矿渣的比例也是影响混凝土强度发展规律的重要因素，矿渣掺量较多的 HX42-80、HX52-80 组强度表现优于粉煤灰掺量较多的 HX30-80、HX41-80、HX51-80 组，但其表现已大大优于单掺粉煤灰时混凝土的强度表现。除 HX30-80 组的强度较低外，其余 HX-80 各组的强度发展整体优于 HC-80 组，可见在 80℃ 蒸养条件下的蒸养混凝土中使用复合矿物掺合料的确有着改善混凝土强度性能的作用。与同蒸养条件下单掺粉煤灰或矿渣的混凝土相比，使用复合矿物掺合料的混凝土强度发展规律与 HB 组相近，通过

复掺的方式可以很好地抵消在蒸养混凝土中掺入粉煤灰对强度造成的不利影响。

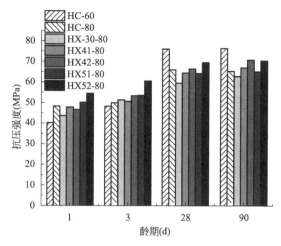

图 3.3-9　80℃蒸养复掺矿物掺合料混凝土强度发展规律

3. 提高蒸养温度对复合矿物掺合料蒸养混凝土抗氯离子渗透性的影响

图 3.3-10 为将恒温温度提高至 80℃时复掺矿物掺合料混凝土的氯离子渗透性，可以看出使用复合矿物掺合料对混凝土的抗氯离子渗透性有着巨大的改善作用，图 3.3-10(a) 的 28d 龄期混凝土中，复合矿物掺合料的使用使混凝土的氯离子渗透性等级由"中等"下降到"很低"，图 3.3-10(b) 中 90d 龄期时 HX-80 组的渗透性等级较 HC-80 组也由"低"下降到"很低"，而 HC-80 组与 HX-80 组的氯离子渗透性等级分别处于两个区间，规律与 28d 相似。从数值上看，对比

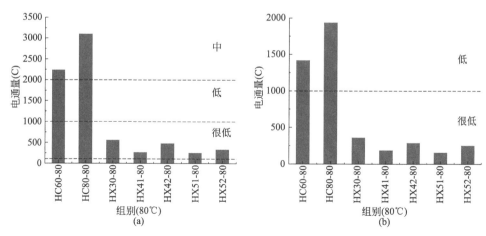

图 3.3-10　80℃蒸养复掺矿物掺合料混凝土氯离子渗透性

(a) 28d 龄期；(b) 90d 龄期

HC-60 与 HC-80 可以发现提高蒸养温度对混凝土的抗氯离子渗透性有不利影响，对比 HX41-80 与 HX42-80 组，HX51-80 与 HX52-80 组可以发现，粉煤灰对于混凝土抗氯离子渗透性的改善作用明显大于矿渣，同粉煤灰掺量下矿渣对于氯离子渗透性的影响十分微小。

3.3.5　化学结合水

硬化浆体的化学结合水可以反映胶凝体系中反应产物的量，表征胶凝体系整体的水化程度。本节通过测定静停 3h 后 60℃ 和 80℃ 蒸养条件下经历不同恒温时间后硬化浆体的化学结合水，分析不同胶凝材料的水化特性以及蒸养温度、时间对其水化的影响规律，硬化浆体的配合比如表 3.3-2 所示。

净浆配合比（水胶比为 0.36）　　　　　　　　　　　表 3.3-2

编号	水泥（%）	粉煤灰（%）	矿渣（%）
HX41	60	30	10
HX42	60	20	20
HX43	60	10	30
HX52	50	20	30

图 3.3-11 为硬化浆体的化学结合水。从图中可以看出，经过 8h 蒸养的硬化浆体蒸养温度对于化学结合水的影响较大，且在矿物掺合料总量相同的前提下，矿渣的比例越高，胶凝材料的化学结合水量也越多，证明矿渣的反应活性高于粉煤灰，而矿物掺合料的掺量增大时胶凝材料的化学结合水量有较大幅度的降低。11h 的规律与 8h 相似，但 HX52 组与其余几组的化学结合水量的差距有明显的减少，且蒸养温度对于矿物掺合料的影响也有所减小，仅 HX52 组在不同蒸养温度下仍有较明显的差异。14h 时，矿物掺合料总量对于硬化浆体化学结合水量的影响进一步降低，且除 HX52 组外其余几组均为 60℃ 蒸养条件下的硬化浆体化学结合水量更高。这说明尽管与水泥相比矿掺合料更难以水化，但在足够长时间的蒸养后仍能够表现出较好的活性，提高蒸养温度能够更好地激发矿物掺合料的活性，但对其随后的反应有一定的不利影响。而 HX52 组即使在养护 14h 后 80℃ 组的化学结合水依旧高于 60℃ 组，这一点也可以解释为什么矿物掺合料的大量使用可以减弱高温养护对于混凝土后期强度的不利影响。

通过对水胶比为 0.36 和 0.46，蒸养条件为 60℃-14h 和 80℃-11h 的复合矿物掺合料混凝土的强度性能以及电通量进行测定，并与单掺矿物掺合料的混凝土试样相关性能进行对比，可以得出以下规律：

（1）60℃ 蒸养条件下，使用复合矿物掺合料会对混凝土的拆模强度造成一定的不利影响，对于中期以及后期的强度发展，复合矿物掺合料对于混凝土的影响

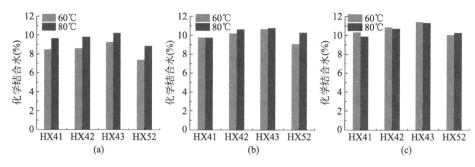

图 3.3-11　硬化浆体的化学结合水

(a) 组别（8h）；(b) 组别（11h）；(c) 组别（14h）

与矿渣更为接近，复合矿物掺合料掺量较大且粉煤灰比例较高时，对于混凝土拆模强度的不利影响更大；

（2）对于普通强度混凝土（水胶比 0.46），复合矿物掺合料对混凝土拆模强度均有一定程度的不利影响，且相同掺量下对于高水胶比混凝土的影响更大，而复合矿物掺合料可以改善普通强度蒸养混凝土的后期强度，对于高强度混凝土则有小幅度的不利影响；

（3）80℃蒸养条件下，掺加复合矿物掺合料对于混凝土的拆模强度有一定的正面作用，且中后期的强度发展也受到复合矿物掺合料的积极影响，复合矿物掺合料中矿渣比例较高时混凝土的后期强度发展更好；

（4）复合矿物掺合料对于混凝土的抗氯离子渗透性有明显的改善作用，其中粉煤灰的掺量是影响此性能的关键因素，在使用复合矿物掺合料的混凝土中，矿渣对于混凝土抗氯离子渗透性的影响较小；

（5）复合矿物掺合料整体表现良好，尤其在高强度混凝土中，复合矿物掺合料能够在略微降低混凝土强度的基础上大幅度地改善混凝土的耐久性，提高蒸养温度时，适当掺量的复合矿物掺合料还有着提高混凝土早期强度的作用，通过复合使用矿物掺合料的形式可以减轻煤灰对于混凝土早期强度的不利影响。

3.4　蒸养混凝土的体积稳定性

3.4.1　体积稳定性与延迟钙矾石生成的概述

体积稳定性是混凝土的重要性能之一。混凝土的体积稳定性不良轻则导致混凝土开裂，重则造成结构破坏，甚至可能引发严重的工程事故。因此，体积稳定性是评价混凝土性能的重要指标。对于蒸养混凝土，体积稳定性尤为重要。高温蒸养过程引发的延迟钙矾石生成导致蒸养混凝土往往比普通混凝土更容易存在体积稳定性不良的问题。

延迟钙矾石生成是混凝土高温蒸汽养护过程中普遍存在的现象。在高温蒸汽养护条件下，混凝土中的钙矾石（AFt）发生分解，生成单硫型硫铝酸钙（AFm），释放出 Ca^{2+}、SO_4^{2-} 和 Al^{3+} 等离子，其中 Ca^{2+}、SO_4^{2-} 和 Al^{3+} 被 C-S-H 吸附。蒸汽养护完成后随着温度的降低，C-S-H 吸附的 Ca^{2+}、SO_4^{2-} 和 Al^{3+} 被释放，重新生成 AFt。由于延迟钙矾石生成发生在混凝土硬化后，在混凝土内部有限的空间内产生了较大的结晶压力，导致裂纹扩展和宏观膨胀，不仅削弱混凝土的后期性能，甚至造成混凝土的破坏。C_3A 和石膏的含量是影响延迟钙矾石生成的重要因素，这是因为 AFt 是 C_3A 和石膏反应的产物。水也是延迟钙矾石生成的重要先决条件，延迟钙矾石生成只有在水分充足的情况下才会发生。此外，碱度是影响延迟钙矾石生成的另一个重要因素，研究发现碱度的增加对延迟钙矾石生成有利。

研究表明，粉煤灰和矿渣的掺入可以减少蒸养混凝土的延迟钙矾石生成。粉煤灰和矿渣部分替代水泥，降低了原材料中 C_3A 和石膏的含量，从而减少了 AFt 的生成量。此外，粉煤灰和矿渣的反应消耗了 $Ca(OH)_2$，降低了液相中 Ca^{2+} 的浓度和碱度，不利于钙矾石的延迟生成。不仅如此，粉煤灰和矿渣的反应产物会填充孔隙，增加混凝土的密实度，使水更难进入混凝土内部，这也不利于延迟钙矾石生成。另外，高温蒸养可以激发粉煤灰和矿渣的活性，进一步促进上述不利于延迟钙矾石生成的作用效果。

3.4.2　粉煤灰蒸养混凝土和矿渣蒸养混凝土的体积稳定性

为探究粉煤灰蒸养混凝土和矿渣蒸养混凝土的体积稳定性的变化规律，设计混凝土配合比如表 3.4-1 所示，各组水胶比均为 0.46。字母后面的数字代表掺量，"-" 后面的数字代表蒸养的温度。粉煤灰的掺量分别为 30%、40% 和 50%。矿渣的掺量分别为 30%、40%、50% 和 60%。对于纯水泥混凝土设置了两种蒸养温度：常用的蒸养温度 60℃ 和易发生典型延迟钙矾石生成的蒸养温度 90℃。对于粉煤灰和矿渣，设置了 80℃ 和 90℃ 两种蒸养温度。蒸养时间从 9～11h 不等，以使各组混凝土获得相近的拆模强度。

成形 100mm×100mm×300mm 的混凝土试件用于膨胀值测定试验。试件成形后在 20℃ 下静停 3h，随后从 20℃ 缓慢升温至指定的蒸养温度，维持指定的恒温蒸养时间后，再缓慢降至 20℃。升温和降温的速率均为 20±1℃/h，升温和降温的时间不包括在恒温蒸养时间内。蒸养结束后，将试件脱模，用千分表测量试件的初始长度。随后将试件浸泡在水中养护，4 年龄期内每隔一定时间将混凝土试件从水中取出，用千分表测量其长度。

混凝土配合比（kg/m³）   表 3.4-1

组别	水泥	矿渣	粉煤灰	细骨料	粗骨料	水	养护条件
C-60	350	0	0	812	1077	161	60℃-9h
F30-80	245	0	105	812	1077	161	80℃-9h
F40-80	210	0	140	812	1077	161	80℃-9h
F50-80	175	0	175	812	1077	161	80℃-11h
B30-80	245	105	0	812	1077	161	80℃-9h
B40-80	210	140	0	812	1077	161	80℃-9h
B50-80	175	175	0	812	1077	161	80℃-9h
B60-80	140	210	0	812	1077	161	80℃-10h
C-90	350	0	0	812	1077	161	90℃-9h
F40-90	210	0	140	812	1077	161	90℃-9h
B40-90	210	140	0	812	1077	161	90℃-9h

　　图 3.4-1～图 3.4-3 对比了各组混凝土在水中浸泡过程中体积的变化情况。各组混凝土均产生了一定量的体积膨胀，从 400～1400d 龄期，各组混凝土的体积变化均已基本趋于稳定。

　　图 3.4-1 显示了 60℃和 90℃蒸养的纯水泥混凝土及 90℃蒸养的大掺量粉煤灰或矿渣混凝土的膨胀值。60℃蒸养的纯水泥混凝土 3 年龄期时的膨胀量约为 100 个微应变，这是一个比较小的值，与实际情况相符。90℃蒸养的纯水泥混凝土 3 年龄期时的膨胀量达到了约 300 个微应变，是 60℃蒸养的纯水泥混凝土的三倍。理论研究和实际工程中均发现 60℃蒸养的纯水泥混凝土很少发生由延迟钙矾石生成引发的膨胀损伤，90℃蒸养的纯水泥混凝土通常会发生明显的由延迟钙矾石生成引发的膨胀损伤，因此这两种蒸养温度下的膨胀值可以作为参考评价大掺量粉煤灰或矿渣蒸养混凝土的体积稳定性。90℃蒸养的掺量为 40％的粉煤灰或矿渣混凝土 3 年龄期时的膨胀量达到了 500～600 个微应变，均远大于 60℃蒸养的纯水泥混凝土，甚至大于 90℃蒸养的纯水泥混凝土，从理论上大大增加了开裂的风险。可见即使用 40％的粉煤灰或矿渣大量替代水泥，大大减少了 C_3A 的含量，但是在 90℃的高温条件下混凝土仍然产生了很大的膨胀，并不能降低开裂的风险。

　　图 3.4-2 对比了 60℃和 90℃蒸养的纯水泥混凝土及 80℃蒸养的大掺量粉煤灰混凝土的膨胀值。80℃蒸养的大掺量粉煤灰混凝土 3 年龄期时的膨胀量为 150～200 个微应变，明显小于 90℃蒸养的大掺量粉煤灰混凝土，由此可见仅仅升高 10℃对膨胀的影响极大。80℃蒸养的大掺量粉煤灰混凝土 3 年龄期时的膨胀量明显小于 90℃蒸养的纯水泥混凝土，但明显大于 60℃蒸养的纯水泥混凝土。这说明虽然掺入粉煤灰对减轻延迟钙矾石生成引起的膨胀有一定的作用，但 80℃蒸养对加重延迟钙矾石生成引起的膨胀的作用更大。掺大量粉煤灰导致水泥用量减

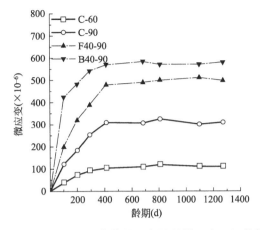

图 3.4-1　60℃和 90℃蒸养的纯水泥混凝土及 90℃蒸养的
大掺量粉煤灰或矿渣混凝土的膨胀值

少，胶凝体系中 C_3A 和石膏的含量随之减少；同时粉煤灰的二次反应消耗大量 $Ca(OH)_2$，既减少了体系中 Ca^{2+} 的含量，又降低了碱度；这些理论上都有助于减少延迟钙矾石生成。但由于 80℃的蒸养温度实在过高，并不能有效缓解钙矾石延迟生成及其导致的膨胀。

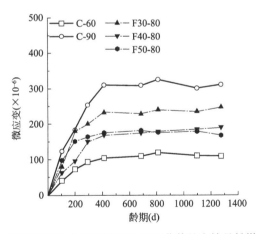

图 3.4-2　60℃和 90℃蒸养的纯水泥混凝土及 80℃蒸养的大掺量粉煤灰混凝土的膨胀值

图 3.4-3 对比了 60℃和 90℃蒸养的纯水泥混凝土及 80℃蒸养的大掺量矿渣混凝土的膨胀值。80℃蒸养的大掺量矿渣混凝土 3 年龄期时的膨胀量为 100～150 个微应变，远小于 90℃蒸养的纯水泥混凝土，与 60℃蒸养的纯水泥混凝土接近。这说明与粉煤灰不同，掺入矿渣对减轻延迟钙矾石生成引起的膨胀作用很大，即使是在 80℃蒸养的条件下。这是因为矿渣中的镁含量明显高于

水泥或粉煤灰。Mg 含量较高时，Ca、Al 和 Mg 优先结合生成水滑石而不是 AFt 或 AFm。此外，矿渣中的铝倾向于优先生成 C-A-S-H 而不是 AFt。尤其是在高温蒸汽养护条件下，水滑石和 C-A-S-H 的优先生成作用更为显著。

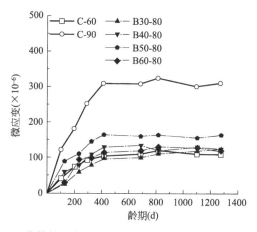

图 3.4-3　60℃和 90℃蒸养的纯水泥混凝土及 80℃蒸养的大掺量矿渣混凝土的膨胀值

第 4 章

复合掺合料高性能混凝土

4.1 粉煤灰-矿渣复合掺合料

4.1.1 C30 混凝土

基于粉煤灰-矿渣复合掺合料设计不同强度等级的混凝土，研究其抗压强度、耐久性、收缩等发展规律。其中粉煤灰-矿渣复合 C30 混凝土配合比如表 4.1-1 所示。共设置 6 组配合比，胶凝材料总用量为 $350kg/m^3$，并变换水泥、矿渣、粉煤灰等胶凝材料的组分，水胶比约为 0.45，编号分别为 C30-1～C30-6。

粉煤灰-矿渣复合 C30 混凝土配合比（kg/m^3）　　　　表 4.1-1

编号	水泥	矿渣	粉煤灰	细骨料	粗骨料	水
C30-1	200	100	50	780	1030	167
C30-2	200	50	100	780	1030	167
C30-3	175	105	70	790	1020	163
C30-4	175	70	105	790	1020	163
C30-5	140	140	70	800	1010	158
C30-6	140	70	140	800	1010	158

混凝土抗压强度是在实际工程中最为关注的力学性质之一。粉煤灰-矿渣复合 C30 混凝土标准养护到 3d、28d、90d 和 360d，分别进行强度测试，强度测试结果如图 4.1-1 所示。由图可知，六组混凝土抗压强度都随着龄期的增长而稳步增加，但在 3d 早期龄期时，不同组的抗压强度差别较大。3d 早期强度的趋势是随着胶凝材料中水泥量的减少而逐渐下降，从 C30-1 组到 C30-6 组强度逐渐降低。其中，C30-6 组的 3d 抗压强度仅为 C30-1 组的 56.5%。这是由于矿渣和粉煤灰的活性比水泥低，减少 30% 的水泥用量导致早期强度下降近一半。而在水泥掺量相同的情况下，矿渣掺量高的混凝土比高掺量粉煤灰的强度更高，如

C30-1 组的 3d 抗压强度比 C30-2 组的高 16.5％。这是由于矿渣比粉煤灰早期活性较高。而随着龄期的增长，不同组间的抗压强度差距越来越小。如在 3d、28d、90d 和 360d 龄期时，C30-6 组的抗压强度分别为 C30-1 组的 56.5％、76.2％、90.6％和 93.8％。到 360d 龄期时，C30-2 到 C30-6 组的抗压强度分别为 C30-1 组的 104.4％、103.4％、96.8％、96.8％和 93.8％，即在长龄期时，矿物掺合料较高的混凝土强度非常接近、甚至超过高水泥含量混凝土的强度。这意味着粉煤灰-矿渣复合 C30 混凝土的早期强度虽然较低，但后期强度发展较好。而在水泥掺量相同的情况，变化矿渣和粉煤灰掺量时，混凝土强度差距随着龄期的增长也明显减小。如在 3d、28d、90d 和 360d 龄期时，C30-2 组的抗压强度分别为 C30-1 组的 85.9％、93.1％、98.9％和 104.4％。这意味着基于矿渣和粉煤灰的活性特点，根据实际工程可以适当变化两者的掺量，进而调整混凝土的早期水化热和强度发展，而不影响最终的后期强度。

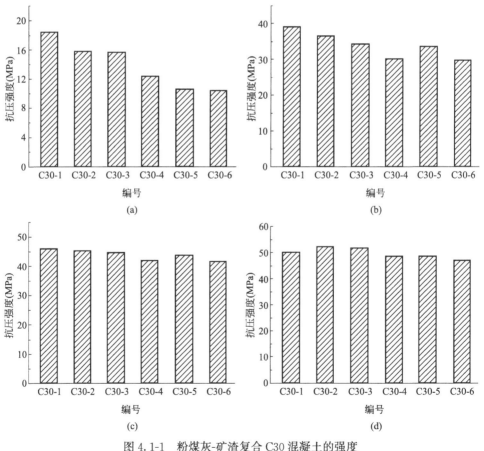

图 4.1-1　粉煤灰-矿渣复合 C30 混凝土的强度

（a）3d 龄期时的强度；（b）28d 龄期时的强度；（c）90d 龄期时的强度；（d）360d 龄期时的强度

混凝土为多孔材料，抗氯离子渗透性是评价混凝土耐久性的重要指标之一。基于美国标准《混凝土抗氯离子渗透能力的电指示的标准试验方法》ASTM C1202 测试混凝土的氯离子渗透性。混凝土测试样品尺寸直径约100mm，厚度约 50mm。首先将待测试件进行真空饱水处理，然后在试件两侧试验槽里分别注入浓度为 3% 的 NaCl 溶液和 0.3mol/L 的 NaOH 溶液，最后在电极间施加 60V 的直流工作电压，获得电通量。

图 4.1-2 为六组粉煤灰-矿渣复合 C30 混凝土在 28d 和 360d 的氯离子渗透性。总体来讲，混凝土在 360d 的抗氯离子渗透能力比 28d 的有明显提升，电通量下降近一半。在龄期 28d 时，大部分粉煤灰-矿渣复合 C30 混凝土的氯离子渗透性等级处于"中"的水平，而在 360d 时，所有混凝土氯离子渗透性等级都处于"低"的水平。在 28d 时，C30-1 组和 C30-3 组电通量小于 2000C，氯离子渗透性等级处于"低"水平，较其他四组混凝土的电通量低 25% 左右。C30-1 组和 C30-3 组的胶凝材料中，水泥和矿渣含量较高，两者的早期活性高，导致混凝土的孔隙率较低，抗氯离子渗透性能力较强。而其他四组混凝土的电通量几乎一致，在 2600C 左右。当龄期增长到 360d 时，C30-2 组和 C30-4 组电通量分别为 1687C 和 1871C，比 28d 时分别下降了 34.8% 和 30.4%。C30-1 组和 C30-3 组电通量为 1245C 和 1164C，较 28d 下降了 33.3% 和 33.8%，下降幅度几乎一致。对于 C30-5 组和 C30-6 组混凝土，电通量分别为 1121C 和 1234C，较 28d 电通量大幅下降，下降幅度高达 56.0% 和 53.5%，且与 C30-1 组、C30-3 组的电通量基本持平。意味着适当调整粉煤灰和矿渣，可以有效降低复合 C30 混凝土长期的氯离子渗透性，对于保障工程的抗氯离子能力具有一定的参考价值。

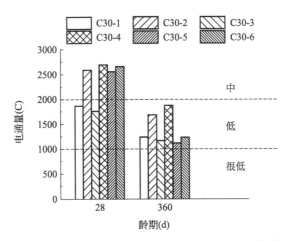

图 4.1-2 粉煤灰-矿渣复合 C30 混凝土的氯离子渗透性

4.1.2 C40 混凝土

基于粉煤灰-矿渣复合掺合料设计了强度等级为 C40 的混凝土，研究其抗压强度、耐久性性能，配合比如表 4.1-2 所示。共设置 6 组配合比，胶凝材料总用量为 400kg/m³，并变换胶凝材料中的水泥、矿渣、粉煤灰的组成，水胶比约为 0.4，编号分别为 C40-1～C40-6。

粉煤灰-矿渣复合 C40 混凝土配合比 （kg/m³）　　　　表 4.1-2

编号	水泥	矿渣	粉煤灰	细骨料	粗骨料	水
C40-1	250	100	50	730	1050	160
C40-2	250	50	100	730	1050	160
C40-3	200	120	80	720	1065	157
C40-4	200	80	120	720	1065	157
C40-5	160	160	80	715	1075	150
C40-6	160	80	160	715	1075	150

粉煤灰-矿渣复合 C40 混凝土在 3d、28d、90d 和 360d 龄期的抗压强度如图 4.1-3 所示。可知，六组混凝土抗压强度都随着龄期的增长而稳步增加，且不同组强度差异也随着龄期而减弱。在早龄期 3d 时，随着胶凝材料中水泥量的增加，混凝土 3d 早期强度逐渐增大，从 C40-6 组到 C40-1 组强度大体上逐步提高。其中，C40-1 组的 3d 抗压强度比 C40-6 组的高 28.5%。这是由于水泥的活性比矿渣和粉煤灰更高，减少 36% 的水泥用量导致早期强度下降近 30%。而在水泥掺量相同的情况，粉煤灰掺量高的混凝土比高掺量矿渣的强度更低，如 C40-2 组的 3d 抗压强度比 C40-1 组低 10.6%。而随着龄期的增加，不同组间的抗压强度差距在缩小。如在 3d、28d、90d 和 360d 龄期时，C40-1 组的抗压强度分别为 C40-6 组的 128.5%、121.06%、109.3% 和 98.84%。到 360d 龄期时，C40-1～C40-5 组的抗压强度分别为 C40-6 组的 96.0%、94.5%、103.0%、98.0% 和 101.8%，即在长龄期时，矿物掺合料较高的混凝土强度与高水泥含量混凝土的强度基本持平甚至更高。这意味着粉煤灰-矿渣复合 C40 混凝土的早期强度虽然较低，但后期强发展良好。而在水泥掺量相同的情况，变化矿渣和粉煤灰掺量时，混凝土强度差距随着龄期的增长也明显减小。如在 3d、28d、90d 和 360d 龄期时，C40-2 组的抗压强度分别为 C40-1 组的 89.4%、93.9%、97.7% 和 98.5%。这意味着在保持复合 C40 混凝土长期强度不变的情况下，根据实际需求可适当调整粉煤灰和矿渣的掺量。

重大基础设施在使用过程中，往往会遇到侵蚀性环境。尤其是在沿海、西部盐湖地区，钢筋混凝土结构常常在干湿、氯盐等严酷环境下，因此提升混凝土的耐久性是保障重大基础设施长期安全使用的迫切需求。特此研究粉煤灰-矿渣复

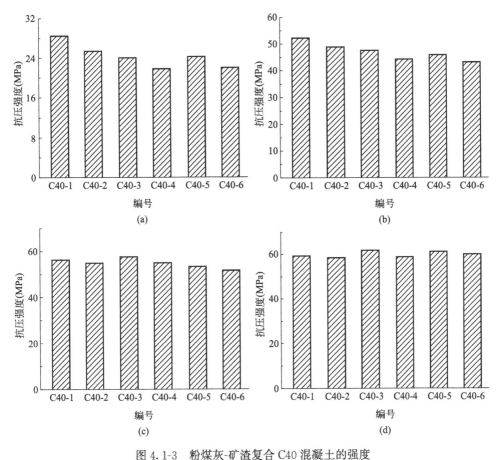

图 4.1-3　粉煤灰-矿渣复合 C40 混凝土的强度

（a）3d 龄期时的强度；（b）28d 龄期时的强度；（c）90d 龄期时的强度；（d）360d 龄期时的强度

合 C40 混凝土的抗氯离子渗透性和抗硫酸盐侵蚀的性能。

　　六组粉煤灰-矿渣复合 C40 混凝土在 28d 和 360d 的氯离子渗透性如图 4.1-4 所示。总体来讲，混凝土在 360d 的抗氯离子渗透能力比 28d 的有明显提升，电通量下降 30％以上。在龄期 28d 时，所有粉煤灰-矿渣复合 C40 混凝土的氯离子渗透性等级处于"低"的水平，而在 360d 时，所有混凝土的氯离子渗透性等级都处于"很低"的水平。结合图 4.1-2 可知，粉煤灰-矿渣复合 C40 混凝土的氯离子渗透性比 C30 混凝土在相应龄期都低一个等级。总的来说，在 28d 时，水泥含量高的混凝土的氯离子渗透性更低。其中 C40-1 组、C40-3 组和 C40-5 组的电通量比 C40-2 组、C40-4 组和 C40-6 组分别低 24.0％、25.4％和 22.0％。即在水泥含量相同情况下，矿渣含量高的混凝土比高掺量粉煤灰混凝土的氯离子渗透性低 20％以上。且 C40-5 组的电通量在六组中是最低的。

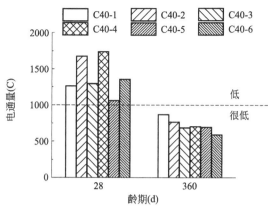

图 4.1-4　粉煤灰-矿渣复合 C40 混凝土的氯离子的渗透性

当龄期增长到 360d 时，复合 C40 混凝土的电通量基本为 600～850C，氯离子渗透性的差异性明显减小。与 28d 明显不同的是，C40-1 组、C40-3 组和 C40-5 组的电通量比 C40-2 组、C40-4 组和 C40-6 组分别高 13.5％、－2.0％和 18.5％。即在水泥含量相同情况下，矿渣含量高的混凝土比高掺量粉煤灰混凝土的氯离子渗透性更高，这与 28d 的规律相反，且与复合 C30 混凝土在 360d 的规律也相反。这意味着掺和粉煤灰有益于复合混凝土长期的抗氯离子渗透性。C40-1 组、C40-3 组和 C40-5 组的电通量分别为 868C、688C 和 698C，较 28d 时分别下降了 31.6％、46.8％和 34.0％。而 C40-2 组、C40-4 组和 C40-6 组电通量大幅下降，下降幅度分别高达 54.1％、59.5％和 56.6％，降幅都在 50％以上。意味着粉煤灰对有效降低混凝土长期氯离子渗透性有较大的贡献，粉煤灰-矿渣复合 C40 混凝土具有较好的长期抗氯离子渗透性。

复合 C40 混凝土养护至 28d 后，各种混凝土试块一半在水中养护，120d 和 150d 后测定混凝土抗压强度为 C_1。另一半置于干湿循环环境中测试硫酸盐侵蚀性能。其中干湿循环 120 次和 150 次之后测定混凝土的抗压强度为 C_2。以水中养护混凝土的抗压强度为基准，计算硫酸盐侵蚀后混凝土强度的损失率如式（4-1）所示：

$$R=(C_1-C_2)/C_1\times100\%　　　　　　　（4-1）$$

粉煤灰-矿渣复合 C40 混凝土的抗硫酸盐侵蚀性能如图 4.1-5 所示。图中 0 次表示水中养护混凝土的基准强度，而 120 次和 150 次分别表示干湿循环 120 次和 150 次之后测定混凝土的抗压强度，而强度损失率以百分数的形式标注在上面。由图可知在干湿循环 120 次后，C40-1 组、C40-2 组和 C40-3 组的强度损失率分别为 19.5％、17.3％和 10.9％。C40-1 组的强度损失率最高，C40-3 组的损失率最低。当干湿循环 150 次后，C40-1 组、C40-2 组和 C40-3 组的强度损失率分别为 29.8％、28.3％和 19.3％。C40-1 组和 C40-2 组在干湿循环 150 次后，损失率差别很小，即在水泥含量相同的情况下，变换粉煤灰和矿渣的掺量对抗硫酸盐性能影响不大。而当水泥含量减少时，强度损失率明显降低。如 C40-3 组比 C40-1 组和 C40-2 组的水泥含量减少 25%，而强度损失率在干湿循环 120 次和 150 次后至少减少了 37.0% 和 31.8%。这意味着更大的粉煤灰掺和矿渣复合掺量，有助于混凝土抗硫酸盐侵蚀性能的提升。粉煤灰-矿渣复合 C40 混凝土在干湿循环后的微观结构如图 4.1-6 所示。可知球状的粉煤灰被水化产物所包裹。在遭受硫酸盐侵蚀后，C40 混凝土微观结构中出现了一些裂缝。

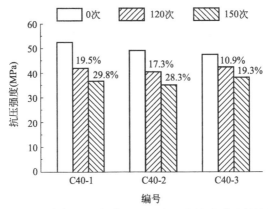

图 4.1-5　粉煤灰-矿渣复合 C40 混凝土的抗硫酸盐侵蚀性能

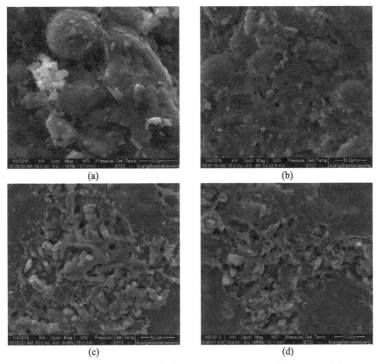

图 4.1-6　粉煤灰-矿渣复合 C40 混凝土的干湿循环 SEM 图

4.1.3 C50 混凝土

基于粉煤灰-矿渣复合掺合料设计了强度等级为 C50 的混凝土，研究其抗压强度、自收缩和温升性能，配合比如表 4.1-3 所示。共设置 4 组配合比，胶凝材料总用量为 450kg/m³，并变换胶凝材料中的水泥、矿渣、粉煤灰的组成，水胶比约为 0.35，编号分别为 C50-1～C50-4。

粉煤灰-矿渣复合 C50 混凝土配合比（kg/m³）　　　表 4.1-3

编号	水泥	矿渣	粉煤灰	细骨料	粗骨料	水
C50-1	250	120	80	700	1050	160
C50-2	250	80	120	700	1050	160
C50-3	200	150	100	690	1065	155
C50-4	200	100	150	690	1065	155

图 4.1-7 展示了粉煤灰-矿渣复合 C50 混凝土在 3d、28d、90d 和 360d 龄期时的抗压强度。由图可知，四组混凝土抗压强度都随着龄期的增长而逐渐增大，而不同组强度随着龄期的增长速率有所差异。在早龄期 3d 时，随着胶凝材料中水泥量的减少，混凝土 3d 早期强度逐渐下降，从 C50-1～C50-4 组强度逐渐降低。其中，C50-4 组的 3d 抗压强度为 C50-1 组的 79.4%。这是由于矿渣和粉煤灰的活性比水泥低，减少 20% 的水泥用量导致早期强度下降约 20%。而在水泥掺量相同的情况下，矿渣掺量高的混凝土比高掺量粉煤灰的强度更高一些，如 C50-1 组的 3d 抗压强度比 C50-2 组高 5.7%。这是由于矿渣早期活性比粉煤灰的高。而随着龄期的增长，不同组间的抗压强度差距进一步缩小，甚至出现强度的反超。如在 3d、28d、90d 和 360d 龄期时，C50-4 组的抗压强度分别为 C50-1 组的 79.4%、90.4%、105.0% 和 106.7%。到 360d 龄期时，C50-2～C50-4 组的抗压强度分别为 C50-1 组的 102.4%、105.7% 和 106.7%，即在长龄期 360d 时，矿物掺合料较高的混凝土的强度反超高水泥含量混凝土的强度。这意味着粉煤灰-矿渣复合 C50 混凝土的早期强度虽然低一些，但后期强发展良好。而在水泥掺量相同的情况下，变化矿渣和粉煤灰掺量时，混凝土强度差距随着龄期的增长也明显缩小以及出现强度反超的情况。如在 3d、28d、90d 和 360d 龄期时，C50-2 组的抗压强度分别为 C50-1 组的 94.3%、96.8%、100.7% 和 102.4%。这意味着粉煤灰有益于复合 C50 混凝土的长期强度。因此基于矿渣和粉煤灰的复合 C50 混凝土，可以在不降低长期强度的情况下有效降低水泥用量，有助于混凝土绿色环保之路的发展。

混凝土自收缩是因为水分变化而引起的体积变化，它是指在恒温、绝湿的条件下混凝土初凝后因胶凝材料继续水化引起自身干燥而造成的混凝土宏观体

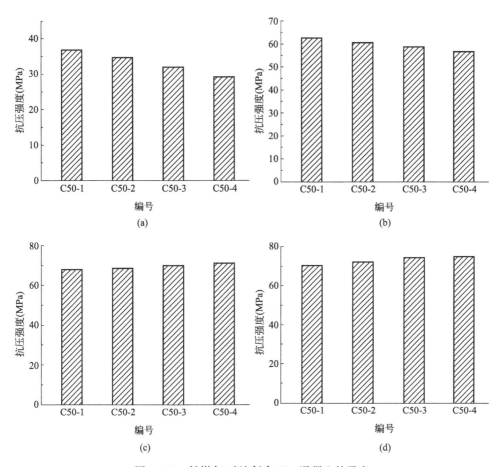

图 4.1-7　粉煤灰-矿渣复合 C50 混凝土的强度

（a）3d 龄期时的强度；（b）28d 龄期时的强度；（c）90d 龄期时的强度；（d）360d 龄期时的强度

积减小的现象。测试了粉煤灰-矿渣复合 C50 混凝土的 7d 自收缩，结果如图 4.1-8 所示。由图可知从 C50-1～C50-4 组，自收缩值依次减小。即胶凝材料中水泥含量小的混凝土，7d 自收缩更小。这是由于水泥反应速率快于矿渣和粉煤灰，导致早期自收缩更大。而在水泥含量相同的情况下，粉煤灰含量高的混凝土自收缩更小。如 C50-2 组的自收缩值比 C50-1 组的小 14.5%；C50-4 组的自收缩值比 C50-3 组的小 8.1%。这是由于粉煤灰没有矿渣的反应速率快，因此掺和粉煤灰有助于减少早期自收缩。总之，复掺矿渣和粉煤灰可以有效降低混凝土的 7d 自收缩。

　　混凝土的绝热温升是指混凝土成形后置于绝热容器中，测得混凝土内部在某一阶段的温度上升。图 4.1-9 展示了粉煤灰-矿渣复合 C50 混凝土的 7d 绝热温升测试结果。可知从 C50-1～C50-4 组，绝热温升依次减小。即胶凝材料中水泥含

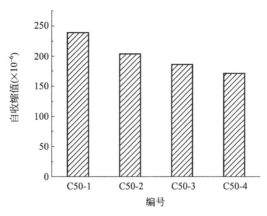

图 4.1-8　粉煤灰-矿渣复合 C50 混凝土的 7d 自收缩

量越小，复合 C50 混凝土的 7d 绝热温升越慢。这是由于水泥反应速率快于矿渣和粉煤灰，导致温升速率更高。而在水泥含量相同的情况下，粉煤灰含量高的混凝土温升更小。如 C50-2 组的温升值比 C50-1 组的小 8.5%；C50-4 组的自收缩值比 C50-3 组的小 7.6%。这是由于粉煤灰没有矿渣的反应速率快，掺和粉煤灰有助于减少温升。因此复掺矿渣和粉煤灰可以有效降低混凝土的 7d 绝热温升。

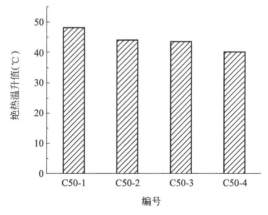

图 4.1-9　粉煤灰-矿渣复合 C50 混凝土的 7d 绝热温升

4.1.4　C30 和 C40 混凝土吸水率对比

吸水性能是混凝土最重要的传输性能之一，高度反映了混凝土的孔隙结构特征。大多数侵蚀性离子通过吸水过程进入混凝土内部，导致混凝土的结构损伤和性能劣化。尽管扩散在离子迁移中也起作用，但研究表明单独的扩散是一个非常缓慢的过程，吸水过程为离子迁移提供了主要途径。因此，吸水性能理论上可以综合反映混凝土的传输性能和耐久性能，例如硫酸盐侵蚀，氯离子渗透，碳化和冻融循环等。

　　为探究粉煤灰-矿渣复合掺合料混凝土的吸水率，设计了水胶比 0.3 和 0.4 的纯水泥混凝土、掺 10％粉煤灰和 10％矿渣的复合掺合料混凝土和掺 20％粉煤灰和 20％矿渣的复合掺合料混凝土，配合比如表 4.1-4 所示。混凝土的吸水率测试基于《用于水硬性水泥混凝土测定吸水率的标准试验方法》ASTM C1585，以特定的时间间隔记录试件吸水过程中的质量变化。吸水量 I 按式(4-2) 计算。对 1min 至 6h 内的所有数据，以 $t^{0.5}$ 为横坐标，I 为纵坐标绘点，排除使斜率发生明显变化的点，用最小二乘法做线性回归分析，直线的斜率即为初始吸水率。

$$I = \frac{m_t}{a \cdot d} \tag{4-2}$$

式中　I —— 吸水量，mm；

　　　m_t —— 在 t 时刻试件质量的变化量，g；

　　　a —— 试件吸水面的面积，mm^2；

　　　d —— 水的密度，g/mm^3。

混凝土配合比（kg/m³）　　　　　　　　　　　　　表 4.1-4

编号	水泥	矿渣	粉煤灰	细骨料	粗骨料	水	水胶比
C-0.3	596	—	—	689	1033	179	0.3
C-0.4	509	—	—	689	1033	204	0.4
F10S10-0.3	466	58	58	689	1033	175	0.3
F10S10-0.4	403	50	50	689	1033	202	0.4
F20S20-0.3	341	114	114	689	1033	170	0.3
F20S20-0.4	295	98	98	689	1033	196	0.4

　　图 4.1-10 显示了粉煤灰-矿渣复合掺合料混凝土 28d 龄期时的吸水曲线和吸水率。可以看到按照《用于水硬性水泥混凝土测定吸水率的标准试验方法》ASTM C1585 测定的混凝土吸水曲线呈两段式。水胶比为 0.3 时，两段的斜率相对接近；水胶比为 0.4 时，两段的斜率相差较大。通常认为混凝土吸水过程的第一阶段由毛细吸水主导，第二阶段则主要归功于水分从毛细孔向凝胶孔或层间孔扩散以及混凝土内部气泡的移动，这里我们更关注与耐久性密切相关的第一阶段，即毛细吸水阶段。纯水泥混凝土和粉煤灰-矿渣复合掺合料混凝土的毛细吸水率均随着水胶比的增大而增大，这是因为随着水胶比的增加混凝土的毛细孔隙率增大。无论水胶比是 0.3 还是 0.4，粉煤灰-矿渣复合掺合料混凝土的毛细吸水率均小于纯水泥混凝土，且随着水胶比的增大，二者的差距越发明显。这是因为粉煤

灰或矿渣的二次反应产物能填充孔隙，增大混凝土的密实度，降低孔隙率。考虑到吸水过程为离子迁移提供了主要途径，可以推测粉煤灰-矿渣复合掺合料混凝土的抗有害离子侵蚀性能（硫酸盐侵蚀性能、抗氯离子渗透性能等）优于纯水泥混凝土。

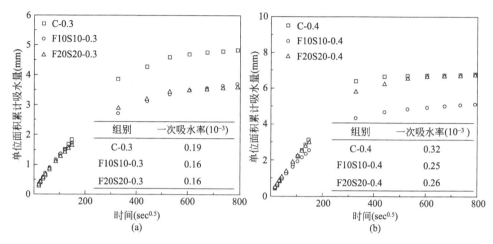

图 4.1-10　粉煤灰-矿渣复合混凝土 28d 龄期时的吸水曲线和吸水率
（a）水胶比 0.3；（b）水胶比 0.4

4.1.5　自密实混凝土

基于粉煤灰-矿渣复合掺合料设计不同强度等级的自密实混凝土，研究其抗压强度性能。粉煤灰-矿渣复合 C40、C50、C60 混凝土配合比如表 4.1-5 所示。共设置 3 组配合比，胶凝材料总用量分别为 450kg/m³、500kg/m³ 和 550kg/m³，水胶比分别为 0.36、0.31 和 0.28，编号分别为 C40、C50 和 C60。其中采用聚羧酸高性能减水剂（固含量 20%），S95 矿渣粉，Ⅱ级粉煤灰，P·O42.5 水泥，中砂，连续级配的粗骨料。

粉煤灰-矿渣复合自密实混凝土配合比（kg/m³）　　　　表 4.1-5

编号	水泥	矿渣	粉煤灰	细骨料	粗骨料	水	减水剂
C40	290	75	85	810	925	161	3.90
C50	330	85	85	800	900	157	4.65
C60	370	90	90	785	880	153	5.65

图 4.1-11 展示了粉煤灰-矿渣复合自密实混凝土的 28d 和 60d 龄期时的抗压强度。可知，三组混凝土强度都随着龄期的增长而增大。复合 C40、C50、C60 自密实混凝土在 28d 龄期时的强度分别为 52.4MPa、63.1MPa 和 70.5MPa。可

知 C50 和 C60 混凝土强度比 C40 的分别高 20.4％和 34.5％。即随着水泥含量的增加以及水胶比的减小，混凝土强度稳步增大。在 60d 龄期时，C40、C50、C60 混凝土的强度分别为 57.2MPa、68.3MPa 和 76.5MPa，C50 和 C60 混凝土强度比 C40 的分别高 19.4％和 33.7％，这与 28d 龄期时的三组混凝土相对大小基本一致。C40、C50、C60 混凝土在 60d 龄期时的强度比 28d 龄期时的相应提升了 9.2％、8.2％和 8.5％，即三组混凝土强度稳步提高，增长幅度几乎一致。可知基于矿渣和粉煤灰的掺合料，适当调整配合比，可以得到力学性能良好的粉煤灰-矿渣复合自密实混凝土。

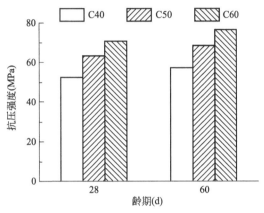

图 4.1-11　粉煤灰-矿渣复合自密实混凝土的强度

4.2　矿渣-钢渣复合掺合料

4.2.1　水化热

图 4.2-1 显示了水泥-矿渣-钢渣三元复合胶凝材料及水泥-粉煤灰二元复合胶凝材料的水化放热对比曲线。两种复合胶凝材料的休眠期长度是相似的，而矿渣-钢渣复合胶凝材料从 6～41h 的水化放热速率相对较低，且放热速率峰值也明显降低。即在钢渣粉与矿渣粉的掺和质量比为 1∶1 的情况下，矿渣-钢渣复合掺合料降低胶凝材料早期水化热的幅度比粉煤灰大。粉煤灰能够明显降低胶凝材料早期水化热的特性是其能够在大体积混凝土中应用的首要前提。就此方面而言，矿渣-钢渣复合掺合料的作用效果更加明显，是潜在的大体积混凝土掺合料。

4.2.2　砂浆强度和流动性

图 4.2-2（a）～图 4.2-2（c）分别为复合矿物掺合料对砂浆 3d、7d、28d 龄

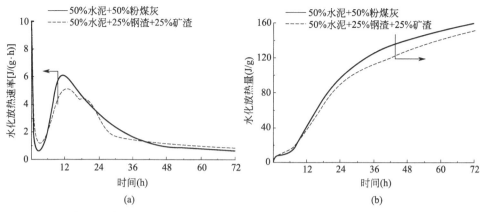

图 4.2-1　水泥-矿渣-钢渣三元复合掺合料及水泥-粉煤灰二元复合掺合料的水化放热曲线
(a) 水化放热速率曲线；(b) 水化放热量曲线

期时的抗压强度的影响。采用纯水泥砂浆作为参考试件，其他试件抗压强度占参考试件的比例如图 4.2-2 所示。粉煤灰是除矿渣外另一种常用的混凝土矿物掺合料，就此讨论钢渣-矿渣复合矿物掺合料与粉煤灰的对比。由图可知，所有砂浆抗压强度都随着龄期的增长而稳步增加。但在 3d 早期龄期时，不同组的抗压强度差别较大。关于 3d 早期强度，纯水泥砂浆强度最高，15％钢渣和 35％矿渣复合砂浆强度次之，25％钢渣和 25％矿渣复合砂浆强度最弱。掺合料钢渣和矿渣的活性不如水泥高，因此复合砂浆早期强度比纯水泥砂浆更低。且钢渣早期活性也不如矿渣，因此钢渣含量较高的砂浆强度较弱。当复合砂浆中的钢渣掺量为 15％时，3～6 组的砂浆强度差别不大，为参考试件强度的 62％左右；而当钢渣掺量为 25％时，7～10 组的砂浆强度稍有差别，在参考试件强度的 41％～52％，其中掺和钢渣 B 的 8 组砂浆强度最高。

随着龄期的增长，不同组间的抗压强度差距越来越小。当龄期增长到 28d 时，大部分砂浆强度接近于参考试件。这是由于钢渣在龄期后期对水泥水化程度有促进作用，且随着钢渣掺量和水化龄期的增加，促进作用更加明显。矿渣的连续水化增加了 C-S-(A)-H 凝胶的数量，随着水化龄期的增加，这对硬化浆体的孔隙结构有很大的改善作用。这意味着矿渣-钢渣复合矿物掺合料具有良好的改善混凝土后期龄期性能的能力。实际上，含矿渣-钢渣复合砂浆在 28d 龄期时的抗压强度已经非常接近甚至高于纯水泥砂浆，如图 4.2-2（c）所示。其中钢渣掺量为 15％的 3～6 组砂浆强度与参考试件强度几乎一致；钢渣掺量为 25％的 7～10 组砂浆强度也在参考试件的 90％左右。

与掺和粉煤灰的砂浆试件相比，15％钢渣和 35％矿渣组成的复合砂浆在龄期 3d、7d、28d 龄期时的抗压强度分别为参考试件的 60.0％～64.6％，66.6％～70.1％和98.0％～102.0％，明显比含粉煤灰砂浆在相同龄期的强度更高。25％钢渣和 25％矿渣组成的复合砂浆在龄期 3d、7d、28d 龄期时的抗压强度分别为参考试件的 41.0%～51.8%，57.1%～62.3% 和 87.0%～92.6%，也高于含粉煤灰砂浆在相同龄期的强度。因此钢渣与矿渣按适当比例混合可获得良好的矿物掺合料。

1. 纯水泥　　　　　　　　　　　2. 50%水泥+50%粉煤灰
3. 50%水泥+15%钢渣A+35%矿渣　　4. 50%水泥+15%钢渣B+35%矿渣
5. 50%水泥+15%钢渣C+35%矿渣　　6. 50%水泥+15%钢渣D+35%矿渣
7. 50%水泥+25%钢渣A+25%矿渣　　8. 50%水泥+25%钢渣B+25%矿渣
9. 50%水泥+25%钢渣C+25%矿渣　　10. 50%水泥+25%钢渣D+25%矿渣

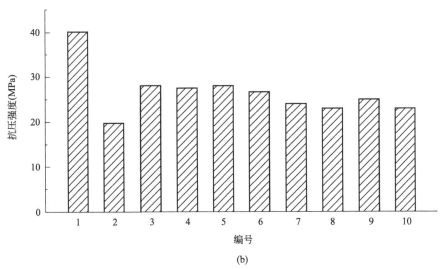

图 4.2-2　矿渣-钢渣复合砂浆抗压强度（一）
（a）3d 龄期；（b）7d 龄期

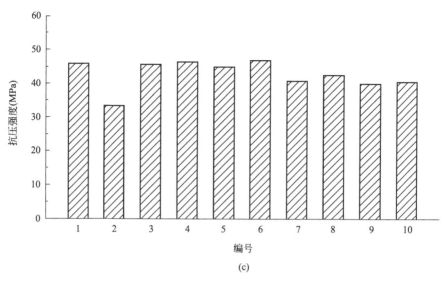

图 4.2-2　矿渣-钢渣复合砂浆抗压强度（二）

（c）28d 龄期

因为现代混凝土的主要施工技术是泵送混凝土，普遍需要高流动性。图 4.2-3 为纯水泥砂浆、含矿渣、钢渣及矿渣-钢渣复合矿物掺合料砂浆的流动性。试样 2 的流动性优于试样 1，说明矿渣有利于提高砂浆混合料的流动性。通过对试样 2 和试样 3～6 的对比，可以看出钢渣比矿渣更有效地改善了砂浆的流动性。其中，钢渣 B 提高流动性的效果最好。通过试样 7～14 证明，将钢渣和矿渣混合，可以得到一种具有提高砂浆流动性的复合矿物掺合料。与矿渣相比，该复合矿物掺合料在提高砂浆的流动性方面效果更好。

4.2.3　混凝土性能

基于矿渣-钢渣复合掺合料设计混凝土，研究其抗压强度、坍落度、耐久性、干燥收缩等发展规律。其中矿渣-钢渣复合混凝土配合比如表 4.2-1 所示。共设置 4 组配合比，胶凝材料总用量为 $380 \mathrm{kg/m^3}$，并变换水泥、矿渣、钢渣等胶凝材料的组分，水胶比约为 0.43，以纯水泥混凝土为参考试件，编号为 C；其他三组复合混凝土编号分别为 S-1、S-2、S-3。

矿渣-钢渣复合混凝土配合比（$\mathrm{kg/m^3}$）　　　　　　表 4.2-1

编号	水泥	矿渣	钢渣	细骨料	粗骨料	水	减水剂
C	380	0	0	760	1040	165	8.4
S-1	230	90	60	760	1040	165	8.4
S-2	230	60	90	760	1040	160	8.6
S-3	230	75	75	760	1040	162	8.5

1. 纯水泥　　　　　　　　　　　　　　2. 50%水泥+50%矿渣
3. 50%水泥+50%钢渣A　　　　　　　4. 50%水泥+50%钢渣B
5. 50%水泥+50%钢渣C　　　　　　　6. 50%水泥+50%钢渣D
7. 50%水泥+15%钢渣A+35%矿渣　　8. 50%水泥+15%钢渣B+35%矿渣
9. 50%水泥+15%钢渣C+35%矿渣　　10. 50%水泥+15%钢渣D+35%矿渣
11. 50%水泥+25%钢渣A+25%矿渣　　12. 50%水泥+25%钢渣B+25%矿渣
13. 50%水泥+25%钢渣C+25%矿渣　　14. 50%水泥+25%钢渣D+25%矿渣

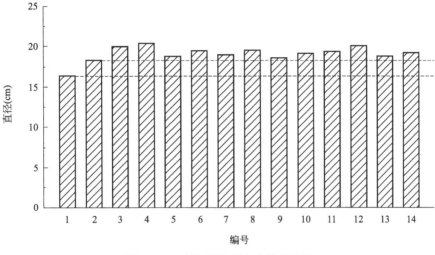

图 4.2-3　矿渣-钢渣复合砂浆流动性

　　矿渣-钢渣复合混凝土的 28d、90d 和 360d 龄期时的强度如图 4.2-4 所示。由图可知，四组混凝土抗压强度都随着龄期的增长而逐渐增大，且在每个龄期，不同组的抗压强度差别不大。在 28d 龄期时，参考试件 C 组的强度最高，为 45.2MPa，而 S-1 组、S-2 组和 S-3 组强度分别为参考试件的 95.4%、93.1%和 96.0%，接近于参考试件。水泥比矿渣和钢渣的活性高，因此 28d 龄期时的强度更高一些。而随着龄期的增长，不同组间的强度增长率有所差异。如 C 组在 90d 和 360d 时较上一龄期强度的增长率分别为 7.3%和 1.4%；而 S-1 组在 90d 和 360d 时强度增长率分别为 13.5%和 6.8%；S-2 组和 S-3 组在 90d 时增长率为 10.5%和 9.7%，360d 时长率为 10.5%和 6.7%。所有复合混凝土的后期强度增长率明显比纯水泥试件的高。因此在 28d 时，C 组试件强度最高；但到了 360d 时，C 组混凝土强度最低了。S-1 组、S-2 组和 S-3 组 360d 强度分别为参考试件的 106.1%、104.5%和 103.3%，超越了参考试件。意味着掺和矿渣-钢渣，有助于提升混凝土的长期强度。

　　图 4.2-5 展示了矿渣-钢渣复合混凝土的坍落度。由图可知，四组混凝土 1h 的坍落度较 0h 都有所下降。参考试件 C 组在 0h 的坍落度为 20.4cm，而 S-1 组、S-2 组和 S-3 组坍落度分别为 21.6cm、21.7cm 和 20.9cm，分别比参考试件的高

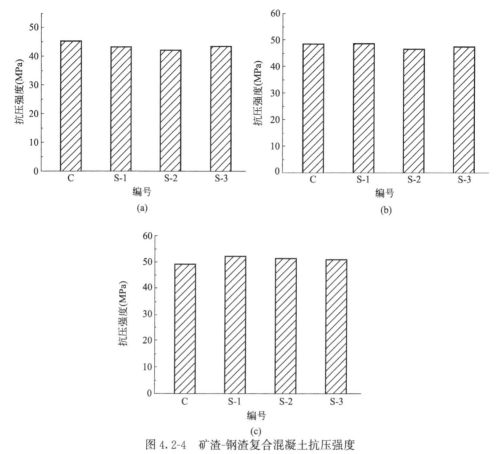

图 4.2-4　矿渣-钢渣复合混凝土抗压强度

（a）28d 龄期时的强度；（b）90d 龄期时的强度；（c）360d 龄期时的强度

5.9％、6.4％和 2.5％。矿渣-钢渣复合混凝土的 0h 坍落度要优于纯水泥混凝土。而在 1h 时，不同组间的坍落度下降率有所差异。如 C 组在 1h 的坍落度较 0h 的下降率为 10.8％；而 S-1 组、S-2 组和 S-3 组在 1h 的下降率分别为 5.6％、5.1％和 6.2％。所有复合混凝土的坍落度下降率明显比纯水泥试件的低。因此在 1h 时，C 组试件坍落度仍然是最低的。S-1 组、S-2 组和 S-3 组 1h 的坍落度分别为参考试件的 112.1％、113.2％和 107.7％，都比参考试件的坍落度高。这意味着掺和矿渣-钢渣，有益于改善混凝土的坍落度。

　　四组矿渣-钢渣复合混凝土在 28d 和 360d 龄期时的氯离子渗透性如图 4.2-6 所示。总体来讲，混凝土在 360d 龄期时的抗氯离子渗透能力比 28d 的有明显提升，氯离子渗透性基本下降一个等级。在龄期 28d 时，所有混凝土的氯离子渗透性等级处于"中"的水平，而在 360d 龄期时，大部分混凝土的氯离子渗透性等级都处于"低"的水平。在龄期 28d 时，纯水泥混凝土的电通量最大。当龄期增长到 360d 时，

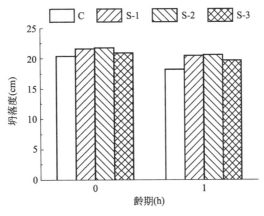

图 4.2-5 矿渣-钢渣复合混凝土的坍落度

纯水泥混凝土的抗氯离子渗透能力也是最弱的。不同组 360d 龄期时的电通量较 28d 龄期时的下降程度有所不同，如 C 组在 360d 时电通量较 28d 的下降率为 28.0%；而 S-1 组、S-2 组和 S-3 组在 360d 时电通量较 28d 的下降率分别为 27.7%、32.1%和 46.7%。其中 S-3 组电通量在 360d 的下降最为明显，氯离子渗透性也是最低的。且复合混凝土的抗氯离子渗透能力整体上优于纯水泥的混凝土，如 S-1 组、S-2 组和 S-3 组在 360d 的电通量分别为 C 组的 87.7%、83.8%和 86.8%。这意味着矿渣-钢渣复合混凝土具有较好的抗氯离子渗透性能。

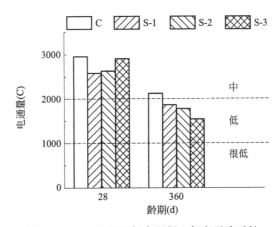

图 4.2-6 矿渣-钢渣复合混凝土氯离子渗透性

图 4.2-7 展示了矿渣-钢渣复合混凝土在 90d 龄期内的干燥收缩曲线。总体来讲，混凝土收缩在前 20d 的龄期内迅速增长，而后发展明显减慢。且四组混凝土在前 28d 的收缩曲线几乎重合，在 28d 之后曲线才有所区分。参考试件 C 组后期的收缩曲线在最上方，收缩值最大；而 S-1 组、S-2 组和 S-3 组的收缩曲线

在后期也基本持平。其中在龄期 90d 时，C 组混凝土的收缩值为 420.2×10^{-6}；而 S-1 组、S-2 组和 S-3 组在 90d 龄期时的收缩值分别为参考试件的 90.6%、89.0% 和 93.1%。复合混凝土的收缩整体上小于纯水泥的混凝土，因此矿渣-钢渣复合混凝土具有较好的收缩性能，对于大体积混凝土的应用具有一定借鉴意义。

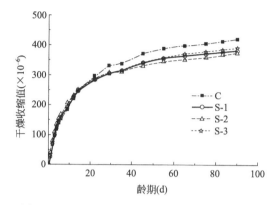

图 4.2-7　矿渣-钢渣复合混凝土干燥收缩曲线

4.3　磷渣粉-石灰石粉复合掺合料

4.3.1　磷渣粉和石灰石粉的反应机理

磷渣粉是粒化电炉磷渣粉（granulated electric furnace phosphorous slag powder）的简写。是在工业生产过程中通过磷矿石、硅石、焦炭在电炉中经过约 1400℃ 高温制取黄磷时获得的以硅酸钙为主的工业废渣，化学式如式（4-3）所示：

$$Ca_{10}(PO_4)_6F_2 + 15C + 9SiO_2 = 3P_2 + 15CO + 9(CaO \cdot SiO_2) + CaF_2 \quad (4-3)$$

所得的熔融物经过水淬后形成颗粒状，再经过磨细加工便得到磷渣粉。通常情况下磷渣粉呈现黄白色或灰白色。磷渣粉的主要化学成分是 CaO 和 SiO_2，还含有少量 Al_2O_3、MgO、Fe_2O_3、P_2O_5 和 F。磷渣粉的主要矿物相是非晶态的玻璃体，还有包含部分晶相如磷酸钙，原硅酸钙和钙长石。

磷渣粉在水泥基材料过程中的作用机理可以分为两个方面：即活性矿物掺合料与水泥水化产物氢氧化钙的火山灰反应（化学作用）；以及矿物掺合料的微集料充填效应（物理作用）。磷渣粉作为一种活性矿物掺合料，能较好地改善水泥基复合材料的工作性能、力学性能和耐久性能。

目前我国已经正式颁布了多部关于磷渣粉作为混凝土矿物掺合料或水泥混合

料的标准，如表 4.3-1 所示。包括《用于水泥中的粒化电炉磷渣》GB/T 6645—2008、《用于水泥和混凝土中的粒化电炉磷渣粉》GB/T 26751—2011、《混凝土用粒化电炉磷渣粉》JG/T 317—2011、《磷渣混凝土应用技术规程》JGJ/T 308—2013、《水工混凝土掺用磷渣粉技术规范》DL/T 5387—2007。

所有标准均要求磷渣粉质量系数 K 值不小于 1.10，K 值的计算方法如式（4-4）所示，其定义为主要碱性氧化物和酸性氧化物的质量比，是评定磷渣活性的重要指标。

$$K = \frac{\omega_{CaO} + \omega_{MgO} + \omega_{Al_2O_3}}{\omega_{SiO_2} + \omega_{P_2O_5}} \tag{4-4}$$

式中：ω_{CaO}、ω_{MgO}、$\omega_{Al_2O_3}$、ω_{SiO_2}、$\omega_{P_2O_5}$ 分别为磷渣粉的化学组成中 CaO、MgO、Al_2O_3、SiO_2、P_2O_5 的质量分数。

磷渣粉的三种不同标准的技术要求对比   表 4.3-1

技术要求		标准种类		
		GB/T 26751—2011	JG/T 317—2011	DL/T 5387—2007
化学成分（%）	P_2O_5	≤3.5		
	SO_3	≤4.0	≤3.5	≤3.5
烧失量（%）		≤3.0		
含水量（%）		≤1.0		
氯离子含量（%）		≤0.06	≤0.06	未作规定
比表面积（m²/kg）		≥350	≥350	≥300
活性指数（%）		分为 L95、L85、L70 三个级别，7d 活性指数分别≥70、≥60、≥50，28d 活性指数分别≥95、≥85、≥70	不分级别，7d 和 28d 的活性指数分别≥50 和≥70	不分级别，28d 活性指数≥60
流动度比（%）或需水量比（%）		流动度比≥95	流动度比≥95	需水量比≤105
密度（g/cm³）		≥2.8	未作规定	未作规定
玻璃体含量（%）		≥80	未作规定	未作规定
碱含量（%）		≤1.0	未作规定	未作规定
安定性		未作规定	合格（沸煮法）	合格（沸煮法）
放射性		I_{Ra}≤1.0 且 I_{γ}≤1.0	符合 GB/T 6566—2008 的要求	符合 GB/T 6566—2008 的要求

石灰石粉（limestone powder）是一种常用的混凝土掺合料，其主要化学成分是 CaO，还有少量 SiO_2、Al_2O_3、MgO、Fe_2O_3 等。石灰石粉的主要矿物相

是晶态的 $CaCO_3$（≥80%），还有少量的石英（≤10%）等。

磷渣粉在水泥基材料过程中的作用机理可以分为两个方面：充填效应和晶核效应。石粉的细度小于水泥的细度，可以补充水泥中缺少的细颗粒，在胶凝材料中形成连续级配，填充混凝土中的孔隙、改善混凝土孔径分布，提高混凝土的耐久性；石粉颗粒表面可以成为晶核依附点，低能量的晶核与成核基体（石粉的颗粒表面）代替高能量的晶核与液体界面，从而使成核位垒降低，进而使水泥的水化加速。

我国正式颁布了多部关于石灰石粉作为混凝土掺合料或者水泥混合料的标准，包括国家标准《石灰石粉混凝土》GB/T 30190—2013、建筑行业标准《石灰石粉在混凝土中应用技术规程》JGJ/T 318—2014、电力行业标准《水工混凝土掺用石灰石粉技术规范》DL/T 5304—2013。表 4.3-2 总结了上述三个标准对石灰石粉的技术要求进行的对比分析。

不同标准中石灰石粉的技术要求对比　　　　　　　　　　表 4.3-2

技术要求		标准种类		
		GB/T 30190—2013	JGJ/T 318—2014	DL/T 5304—2013
化学组成(%)	$CaCO_3$	≥75	≥75	≥75
含水量(%)		≤1.0		
氯离子含量(%)		≤0.06	≤0.06	未作规定
细度(%)		45mm 方孔筛筛余		80mm 方孔筛筛余
		≤15	≤15	≤10
活性指数(%)		7d≥60	7d≥60	7d≥60
		28d≥60	28d≥60	
流动度比或需水量比		流动度比≥100	流动度比≥100	需水量比≤105
亚甲基蓝吸附量		≤1.4	≤1.4	≤1.4

4.3.2　混凝土配合比

表 4.3-3 为复掺磷渣粉-石灰石粉的混凝土配合比。以纯水泥作为对比样，磷渣粉与石灰石粉的质量比为 5∶5。L-1 为复合掺合料取代 20% 的纯水泥，水灰比为 0.425，L-11 同样复合掺合料取代 20% 纯水泥，但水灰比为 0.418，L-2 胶凝材料总量为 420kg/m³，复合掺合料占总胶凝材料的 1/3，水灰比为 0.405，而 L-22 其他条件不变，水灰比变为 0.39。探究复合磷渣粉-石灰石粉掺量和水胶比对混凝土力学性能、收缩性能和耐久性能的影响。

复掺磷渣粉-石灰石粉混凝土的配合比（kg/m³）　　　表 4.3-3

水泥	磷渣粉	石灰石粉	砂	石	水
400	0	0	770	1010	170
320	40	40	770	1010	170
320	40	40	773	1010	167
280	70	70	770	1010	170
280	70	70	776	1010	164

4.3.3　混凝土的强度

图 4.3-1 是复掺磷渣粉-石灰石粉混凝土的抗压强度。纯水泥作为对照组，7d 龄期时抗压强度约为 35MPa，当磷渣粉-石灰石粉复合取代 20％纯水泥时，抗压强度降低到约 30MPa，然而，当水胶比从 0.425 减少到 0.418 时，抗压强度从约 30MPa 增加到了约 35MPa；当磷渣粉-石灰石粉取代 33％的纯水泥时，抗压强度进一步降低到约 25MPa，同样地，当水胶比从 0.405 减少到 0.39 时，抗压强度从 25MPa 也增加到了约 35MPa，说明在掺入磷渣粉-石灰石粉复合料后减少水胶比可以一定程度上弥补因加入掺合料造成混凝土的早期强度降低。当龄期发展到 28d 后，磷渣粉-石灰石粉掺量和水胶比对混凝土强度的影响与 7d 龄期的影响规律类似。但是当龄期到了 90d 和 360d 后，掺入 20％和 33％的磷渣粉-石灰石粉复合料的混凝土抗压强度约为 50MPa，说明磷渣粉-石灰石粉复合料掺入并没有影响混凝土后期强度，当水灰比降低 0.1～0.15 时，相比对照组 C，混凝土后期强度增加了约 10％。

图 4.3-2 是复掺磷渣粉-石灰石粉混凝土的抗压强度变化规律。与对照组 C 相比，L-1、L-11、L-2 和 L-22 的 7d 抗压强度全都降低，其中 L-2 降低的幅度最大，为 10.6MPa；当龄期为 28d 时，L-2 的抗压强度下降幅度依然是最大的，但是 L-11 抗压强度增加了 1MPa；当试样从 90d 龄期发展到 360d 时，除了 L-2，其他样品的抗压强度都实现了正增长，L-11 增长幅度最大，但是 L-22 增长速度最快。虽然复合掺合料使得早期强度降低，但是能够提高后期强度和耐久性，这是因为磷渣粉具有充填效应和火山灰活性，石灰石粉具有成核效应和充填效应，火山灰活性能够消耗水泥水化生成的氢氧化钙，增强界面薄弱区，同时充填效应能够充填孔隙，使得硬化浆体更加密实。

4.3.4　混凝土的耐久性

图 4.3-3 是复掺磷渣粉-石灰石粉混凝土的氯离子渗透性，在 28d 龄期时，

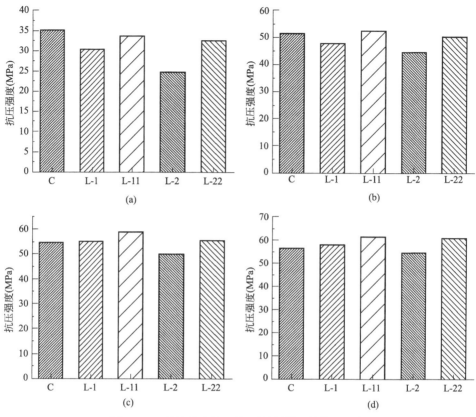

图 4.3-1 复掺磷渣粉-石灰石粉混凝土的抗压强度
(a) 7d 龄期；(b) 28d 龄期；(c) 90d 龄期；(d) 360d 龄期

对照组 C 与 L-1、L-11 和 L-22 的氯离子渗透性等级都处于"低"等级，仅 L-2（磷渣粉-石灰石粉复合料掺量为 33％，水胶比 0.405）的氯离子渗透性等级处于"中"等级。在 360d 龄期时，L-11（磷渣粉-石灰石粉复合料掺量为 20％，水胶比 0.418）和 L-22（磷渣粉-石灰石粉复合料掺量为 33％，水胶比 0.39）的氯离子渗透性等级下降到了"极低"等级，L-2 的氯离子渗透性等级下降到了"低"等级，但对照组 C 与 L-1 的氯离子渗透性等级依然是"低"等级。

图 4.3-4 复掺磷渣粉-石灰石粉混凝土的硫酸盐浸泡后的强度损失率。干湿循环法的试验过程是将试块在 80 ± 5℃的烘箱内烘干 6h，经 2h 冷却后，置于浓度为 5％的 Na_2SO_4 溶液中浸泡，该过程为 1 个循环（1d 完成 1 个干湿循环）；与此同时，将相同配合比的试样置于标准养护室内养护；经过 120 次和 150 次循环后，测定标准养护内的试件的抗压强度 S_1 和干湿循环后的时间的抗压强度 S_2，计算强度损失率（S_1-S_2）/$S_1\times100$％。对照组 C 试样经过 120 次循环的强度损失率高达 17.5％，经过 150 次循环的强度损失率为 30.5％。而加入磷渣

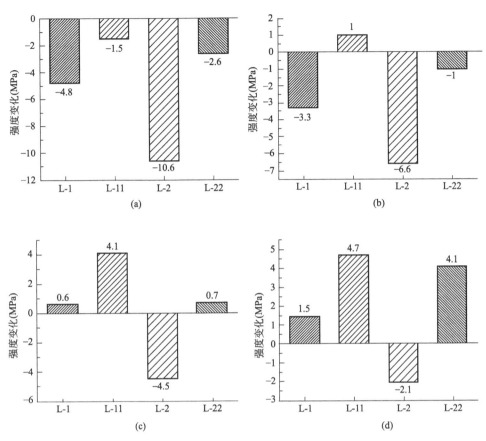

图 4.3-2　复掺磷渣粉-石灰石粉混凝土的抗压强度变化规律

（a）7d 龄期；（b）28d 龄期；（c）90d 龄期；（d）360d 龄期

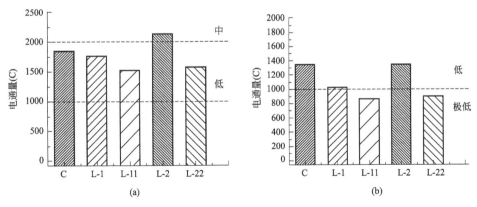

图 4.3-3　复掺磷渣粉-石灰石粉混凝土的氯离子渗透性

（a）28d 龄期；（b）360d 龄期

粉-石灰石粉复合料的试样 L-11 和 L-22 经过 120 次循环的强度损失率约为纯水泥组的四分之一，分别为 3.8％和 3.6％；经过 150 次循环后的强度损失率约为 18.5％和 19％，约为纯水泥组强度损失率的 60％。这说明磷渣粉-石灰石粉复合料能有效地提高混凝土的抗硫酸盐侵蚀性能。

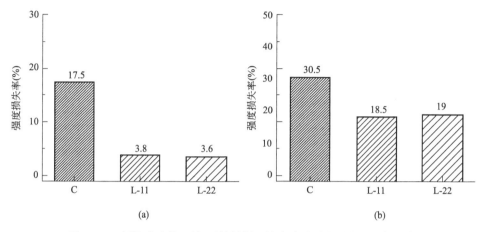

图 4.3-4　复掺磷渣粉-石灰石粉混凝土的硫酸盐浸泡后的强度损失率
（a）120 次循环；（b）150 次循环

　　图 4.3-5 为复掺磷渣粉-石灰石粉混凝土的孔隙率。混凝土的连通孔隙率采用"饱水-烘干"法，制备 10cm×10cm×2cm 的混凝土薄片，采用排水法测定试件的体积 V，测定试件真空饱水后的质量 m_1，将试件在 80℃的烘箱内烘干 14d，测定烘干后的质量 m_2，连通孔隙率 $P=(m_1-m_2)/\rho_V$，其中 ρ 为水的密度。从连通孔隙率的变化规律可以解释抗氯离子渗透性的变化规律，即连通孔隙率越低其抗氯离子性能越好。28d 龄期时，对照组 C 的连通孔隙率是 10.98，掺入 20％和 33％的磷渣粉-石灰石粉的复合掺合料后，L-1 和 L-2 的连通孔隙率分别减少到了 10.56 和 10.85，再降低 0.1～0.15 的水灰比后，L-11 和 L-22 的连通孔隙率分别减少到了 10.13 和 10.26；同样在 360d 龄期时，试样的连通孔隙率出现了同样的规律，说明无论是掺入磷渣粉-石灰石粉复合掺合料还是降低水灰比都可以降低混凝土的连通孔隙率，两者同时采用时，效果最明显。

4.3.5　混凝土的温升

　　图 4.3-6 为复掺磷渣粉-石灰石粉水泥浆体的放热速率和放热总量。从图 4.3-6（a）可知，相比于对照组 C，L-11（即磷渣粉-石灰石粉复合料掺量为 20％，水胶比 0.418）的第二放热峰稍微提前，说明 20％的磷渣粉-石灰石粉复合料促进了水泥的反应；但是 L-22（即磷渣粉-石灰石粉复合料掺量为 33％，水胶比 0.39）的第二放热峰却被延迟了，说明当磷渣粉-石灰石粉复合料掺量过多

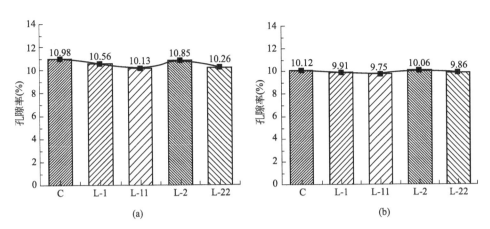

图 4.3-5　复掺磷渣粉-石灰石粉混凝土的孔隙率

（a）28d 龄期；（b）360d 龄期

时会延缓水泥反应。从图 4.3-6（b）可知，相比于对照组 C，L-11 和 L-22 的总放热量分别下降了 12％和 25％，说明磷渣粉-石灰石粉复合料能显著降低水泥水化放热。从图 4.3-7 也可知，相比于对照组 C 的绝热温升（65℃），L-11 和 L-22 的绝热温升分别为 60℃和 55℃，这个规律与净浆的水化放热规律是一致的。

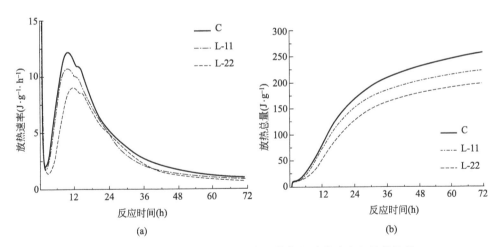

图 4.3-6　复掺磷渣粉-石灰石粉水泥浆体的放热速率和放热总量

（a）放热速率；（b）放热总量

4.3.6　混凝土的收缩

图 4.3-8 是复掺磷渣粉-石灰石粉混凝土的干燥收缩曲线。无论是纯水泥对照组还是复掺磷渣粉-石灰石粉混凝土的干燥收缩在早期发展迅速，1～50d 龄

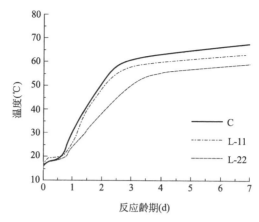

图 4.3-7　复掺磷渣粉-石灰石粉混凝土的绝热温升曲线

期，干燥收缩曲线无明显区别，约为 350×10^{-6}，从 $50 \sim 150d$ 龄期，复掺磷渣粉-石灰石粉混凝土的干燥收缩（380×10^{-6}）小于对照组的干燥收缩（420×10^{-6}），从 $150 \sim 360d$ 龄期，干燥收缩曲线趋于平稳，对照组 C，L-11（磷渣粉-石灰石粉复合料掺量为 20%，水胶比 0.418）和 L-22（磷渣粉-石灰石粉复合料掺量为 33%，水胶比 0.39）的干燥收缩分别为 420×10^{-6}，400×10^{-6} 和 380×10^{-6}。

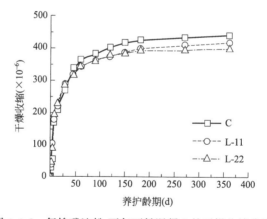

图 4.3-8　复掺磷渣粉-石灰石粉混凝土的干燥收缩曲线

4.4　超细矿渣-钢渣粉复合掺合料

　　提高水泥利用效率，减少水泥的使用量，是实现混凝土行业可持续发展的重要方法。其中一个重要的技术路线是，通过复合不同的掺合料，发挥不同辅助胶凝材料和水泥之间的水化机理和性能的特点，从而充分挖掘辅助胶凝材料的性能，最大化地使用辅助胶凝材料。本节探究了采用超细矿渣-钢渣粉的复合掺合料制备低水泥用量的混凝土的可行性。

4.4.1　砂浆性能

流动性是衡量混凝土的重要性能之一。由于混凝土的流动性受骨料的粒径分布、表面的湿度以及拌和的环境等复杂的外部因素影响。因此，本小节采用砂浆的流动度比试验探究超细矿渣-钢渣粉复合掺合料对浆体流动性的影响。试验根据《水泥胶砂流动度测定方法》GB/T 2419—2005 中规定的方法进行试验。其中复合掺合料的总掺量设置为 30%。砂浆的流动性与砂浆固体颗粒的堆积密度有很大关系。一般而言，堆积密度越大，更多的水被释放于颗粒表面形成"水膜层"，起到颗粒之间的润滑作用，从而改变流动性。而不同种类和粒度的掺合料对砂浆固体部分的堆积密度有很大的影响。理论上，只要是颗粒粒径小于水泥粒径的颗粒都可以提高胶凝材料的堆积密度，从而增加"水膜层"厚度。但实际情况则不一定是这样，由于某些小的颗粒比表面积更大，对水的黏附作用大，因此"水膜层"的厚度不一定变大。在本节研究的复合掺合料中，超细矿渣具有比钢渣粉更小的颗粒粒径。因此，为了探究由于复合掺合料中不同组分对流动性的影响，本小节在总掺量不变的条件下，设置了五组不同超细矿渣掺量的试验，以探究超细矿渣掺量对砂浆流动性的影响，组分设置见表 4.4-1。

试验采用的掺合料配合比和流动度比结果（流动度比，%）　　　表 4.4-1

S0	S1	S2	S3	S4
100%钢渣粉	90%钢渣粉＋10%超细矿渣	85%钢渣粉＋15%超细矿渣	80%钢渣粉＋20%超细矿渣	75%钢渣粉＋25%超细矿渣
107	102	100	98	96

从表 4.4-1 可以发现，在复合掺合料总掺量不变的情况下，随着超细矿渣的掺量从 0 开始增加到占掺合料总量的 25%，砂浆的流动度比逐渐下降。这说明随着超细矿渣的掺量逐渐提高，砂浆的流动性逐渐下降。这是因为，虽然超细矿渣颗粒相对较小，能够填充于颗粒骨架之前，释放更多的水。但是由于本节采用的超细矿渣（$639m^2/kg$）相比钢渣粉（$455m^2/kg$）有更大的比表面积，对水的黏附作用较大，反而使得颗粒表面的"水膜层"变薄，从而导致流动性下降。

为了探究复合掺合料对强度的影响，本节设置了两个水灰比和两个总掺量（20% 和 30%）来探究超细矿渣-钢渣粉对砂浆强度的影响。在总掺量不变的条件下，本节还设置了表 4.4-2 流动度比试验的 S1，S2，S3 和 S4 四种超细矿渣的掺量，以研究不同掺量超细矿渣的复合掺合料对砂浆强度的影响。含超细矿渣-钢渣粉复合掺合料砂浆的配合比见表 4.4-2（水灰比 0.5）和表 4.4-3（水灰比 0.4）。

含超细矿渣-钢渣粉复合掺合料砂浆（水灰比 0.5）的配合比（kg） 表 4.4-2

项目	水泥	钢渣粉	超细矿渣粉	标准砂	水
C1	450	0	0		
S1-20%		81	9		
S2-20%	360	76.5	13.5		
S3-20%		72	18		
S4-20%		67.5	22.5	1350	225
S1-30%		121.5	13.5		
S2-30%	315	114.7	20.3		
S3-30%		108	27		
S4-30%		101.2	33.8		

图 4.4-1 是纯水泥、20%掺量、30%掺量的超细矿渣-钢渣粉的砂浆（水灰比 0.5）的抗压强度。

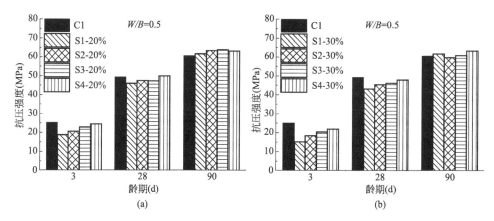

图 4.4-1 纯水泥和掺超细矿渣-钢渣粉的砂浆（水灰比 0.5）的抗压强度
(a) 20%掺量；(b) 30%掺量

图 4.4-1 显示，掺复合掺合料的砂浆的 3d 龄期时的强度均低于纯水泥砂浆。这主要是由于掺了复合掺合料之后，能够早期自发地发生水化反应的胶凝材料减少了。因此在总的胶凝材料使用量不变的条件下，由于早期提供强度的水化产物较少，所以强度下降。但是随着龄期的增加，掺有复合矿物掺合料的砂浆强度的增长比纯水泥砂浆的强度的增长要快，并且在 90d 龄期时，掺有复合掺合料的砂

浆强度甚至可以超过纯水泥砂浆的强度。纯水泥组中，3d 龄期时的强度和 28d 龄期时的强度分别达到 90d 龄期时的强度的 41.5% 和 81.4%，而掺有复合掺合料的砂浆 3d 和 28d 龄期时的强度占 90d 龄期时的强度最高仅为 38.6% 和 78.8%。这说明掺有复合掺料的砂浆虽然早期强度更低，但是具有更好的后期强度开展。这主要是由于水泥主要在早期水化提供强度，钢渣粉和超细矿渣的活性更低。这两种掺合料往往需要更高的碱性和更长的时间才能发生反应。钢渣粉的主要活性成分和水泥类似，但是水化速率要比水泥更慢。而超细矿渣的主要成分为玻璃态的硅铝酸盐。这些玻璃体可以和水泥水化产物中的氢氧化钙反应，生成具有凝胶性质的产物，提供颗粒界面的粘结作用，提高砂浆的强度。这个反应被称为"火山灰反应"。

对比图 4.4-1 (a) 和图 4.4-1 (b)，可以发现，当复合掺合料的组分一定的时候，随着总掺量的增加，早期强度更低，但是后期强度增长更高。例如 S1 组（90% 钢渣粉＋10% 超细矿渣），不同总掺量砂浆的 90d 龄期时的强度分别为 61.3MPa 和 61.7MPa，差异不大。但是当总掺量为 20% 的时候，3d 和 28d 龄期时的强度占 90d 龄期时的强度的 30.5% 和 74.7%；当总掺量为 30% 的时候，3d 和 28d 龄期时的强度占 90d 龄期时的强度的 24.6% 和 69.8%。这也说明了复合掺合料掺量的增加虽然会使得早期强度下降，但是后期强度的发展更快，对 90d 强度的影响较小。这主要是由于在这个水灰比下，水泥颗粒有足够多的水分发生水化反应，生成足够的产物填充于浆体的孔隙。但是薄弱的位置为钢渣粉和超细矿渣和浆体的交界界面，随着时间的推移，钢渣粉和超细矿渣逐渐反应，生成胶凝产物改善各自的界面，使得薄弱位置得到改善，因此强度得到提升。但是由于总的孔隙结构主要是由水灰比决定，因此 90d 龄期时的强度差异不大。

图 4.4-1 还显示，当复合掺合料的总掺量一定的时候，随着超细矿渣掺量的提高，3d 龄期时的砂浆强度逐步提高。这一现象随着龄期的增大逐渐不明显。这说明，复合掺合料中的超细矿渣相比钢渣粉而言，能够提高早期砂浆的强度。这主要是由于超细矿渣相对于钢渣粉而言具有较小的粒径，可以填充在胶凝材料更小的孔隙中，起到填充效应提高砂浆的密实度。超细矿渣的填充除了提高砂浆的密实度之外，还会释放孔隙中的水分，具有稀释效应。稀释效应使得水泥周围的水分更多，因此供水泥水化的水分就增多了，水泥早期的水化程度更高。同时更小的超细矿渣还有促进成核效应，也可以促进水泥的早期水化。此外，超细矿渣的自身活性要比钢渣粉高。由于水泥发生水化反应的时间很早（2h 即开始生成氢氧化钙），超细矿渣由于其较高的比表面积可以和水化反应生成的氢氧化钙快速反应，生成凝胶，改善界面过渡区，这也能提高砂浆的强度。这说明超细矿渣的加入可以显著改善钢渣

粉对砂浆早期强度的负面影响。将超细矿渣和钢渣粉复配，可以充分发挥超细矿渣的早期强度改善能力和钢渣粉的后期强度的开展能力，从而更高效地利用这两种矿物掺合料，减少水泥用量。

含超细矿渣-钢渣粉复合掺合料砂浆（水灰比 0.4）的配合比（kg） 表 4.4-3

项目	水泥	钢渣粉	超细矿渣粉	标准砂	水
C1	450	0	0	1350	180
S1-20％	360	81	9		
S2-20％		76.5	13.5		
S3-20％		72	18		
S4-20％		67.5	22.5		
S1-30％	315	121.5	13.5		
S2-30％		114.7	20.3		
S3-30％		108	27		
S4-30％		101.2	33.8		

图 4.4-2 是纯水泥和掺超细矿渣-钢渣粉水灰比为 0.4 的砂浆抗压强度。

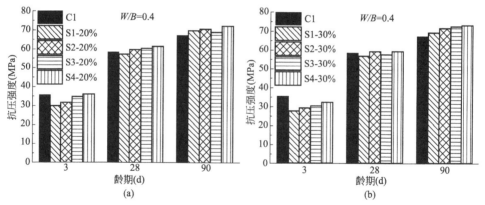

图 4.4-2 纯水泥和掺超细矿渣-钢渣粉（水灰比 0.4）的砂浆抗压强度
(a) 20％掺量；(b) 30％掺量

与图 4.4-1 相比，水灰比 0.5 的规律和水灰比 0.4 的规律类似。掺了复合掺合料的砂浆早期强度相比纯水泥会下降。但是相对于水灰比为 0.5 的对照组，当水灰比从 0.5 降低至 0.4 后的时候，掺复合掺合料的砂浆 3d 龄期时的强度和水泥的差异明显变小，而 90d 龄期时的强度差异不大。以 S1-30％为例，当水灰比为 0.5 的时候，3d 龄期时的砂浆强度为纯水泥的 60.5.5％，90d 龄期时的强度为纯水泥的 102％；而当水灰比为 0.4 的时候，3d 龄期时的砂浆强度为纯水泥的 77.7％，90d 龄期时的砂浆强度为纯水泥的 103％。这说明当水灰比变小的时候，复合掺合料对早期强度的负面影响变小。

由以上分析我们可知，复合掺合料对早期砂浆强度的负面影响主要是来自钢渣粉。这种水灰比下降负面影响变小的现象和纯钢渣粉对砂浆强度的影响是一致的可能有两个原因：一是水灰比较低时，虽然钢渣粉的加入会减少水化产物的生成，但是由于颗粒之间的间距较小，当反应程度较高时，水泥的水化产物足以填充钢渣粉和水泥之间的孔隙，使得钢渣粉对孔隙结构的影响较小；二是钢渣粉的加入使得水泥的实际水灰比提高，使得水泥的反应程度更高。由于水灰比较高时，水泥颗粒有充足的水进行水化，钢渣粉释放的水对水泥颗粒水化的影响不大，但是当水灰比较小时，水泥颗粒没有足够的水进行水化，钢渣粉的水可以促进水泥水化，提高水泥的实际水灰比。

对比图 4.4-1 和图 4.4-2 还可以发现，当水灰比为 0.5 时，超细矿渣掺量的提高对强度的改善随着龄期的发展而减小。而当水灰比为 0.4 的时候，超细矿渣掺量提高对强度的改善在 90d 龄期时仍然存在。这说明当水灰比更小的时候，超细矿渣不仅能够提高早期的砂浆强度，也能提高后期的砂浆强度。这主要是由于，当水灰比为 0.5 的时候，水灰比较高，整体的孔隙结构发展不完善，决定最终强度上限的是水灰比本身。当钢渣粉和超细矿渣逐渐反应并改善自身表面的孔隙后，并不能起到改善整体孔隙结构的作用。而当水灰比为 0.4 的时候，整体的孔隙结构发展较为完整，而薄弱的地方为骨料和浆体之间的界面过渡区。当钢渣粉和超细矿渣逐步反应，并完善颗粒表面的孔隙后，填充在更小孔隙（包括界面过渡区）的超细矿渣可以和氢氧化钙反应，从而改善界面过渡区的强度从而提高砂浆的强度。这也说明了为什么超细矿渣的掺量越高，后期强度改善越好。这说明当水灰比较低的时候，使用超细矿渣-钢渣粉的复合掺合料可以更加充分发挥超细矿渣的强度改善能力，更高效地利用这矿物掺合料，减少水泥用量。

4.4.2　普通混凝土性能

设计强度等级为 C30 和 C40 的混凝土，采用上一小节的 S-3 和 S-4 两组超细矿渣的掺量（超细矿渣占总掺量的 20％ 和 25％）进行配合比设计。为了更大化地利用水泥，本节设置了不同水泥含量的两种混凝土配合比。当水泥使用量变小后，为了获得相近的强度，需要适当地降低水胶比。相应的混凝土的砂率也要根据水泥用量的改变而改变。砂率即为砂的质量占骨料（砂和石子）的比率。根据上述研究思路可以得到 8 组混凝土配合比（表 4.4-4）。从表中可以看到，减少水泥用料的同时要适当地降低水灰比。根据表中配合比成形混凝土试块，养护环境为标准养护。其中细骨料为水洗并晾干的中砂，粗骨料为 5～25mm 连续级配的碎石。

含超细矿渣-钢渣粉复合掺合料的混凝土的配合比（kg/m³） 表 4.4-4

强度等级	编号	水灰比	水泥	钢渣粉	超细矿渣	砂	石	水
C30	S-1	0.47	200	120	30	780	1035	165
	S-2			112.5	37.5			
	S-3	0.45	175	145	35	790	1025	161
	S-4			131.2	43.8			
C40	SS-1	0.395	250	120	30	730	1055	158
	SS-2			112.5	37.5			
	SS-3	0.385	200	160	40	720	1070	154
	SS-4			150	50			

　　图 4.4-3 是掺超细矿渣-钢渣粉的混凝土抗压强度。从图中可以发现，随着超细矿渣掺量的提高，混凝土 28d 龄期时的强度和 90d 龄期时的强度均有提高。这说明提高超细矿渣的掺量可以提高混凝土的抗压强度，这和砂浆抗压强度的结果是一致的。这主要是由于超细矿渣的添加可以提高水泥的水化，改善界面过渡区的结构。对比不同等级的混凝土发现，C40 混凝土中，超细矿渣掺量的增加使得 28d 龄期时的强度和 90d 龄期时的强度均有增加，且增幅相近，但是在 C30 混凝土中，超细矿渣对 28d 龄期时的强度的提升要大于 90d。例如 28d 龄期时的强度 S-4 比 S-3 高 9%，而 90d 龄期时的强度仅仅只高了 2.6%。而 28d 龄期时的强度 SS-4 要比 SS-3 强度高 5.6%，90d 龄期时的强度要高 6%。这和砂浆强度的规律是一致的。当混凝土水灰比变小后，超细矿渣对 90d 龄期时的强度的提高的效果更好。这主要是由于当水灰比更小时，决定整体强度的决定因素从浆体的整体孔隙结构完整性变为界面过渡的孔隙结构。

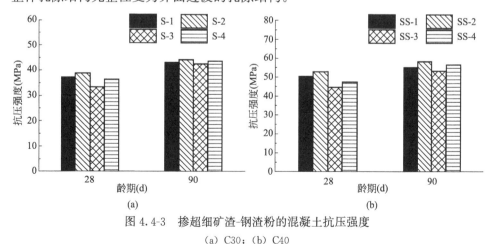

图 4.4-3　掺超细矿渣-钢渣粉的混凝土抗压强度
(a) C30；(b) C40

　　图 4.4-3 还显示，对于同一等级的混凝土而言，当水泥用量减少后，28d 龄期时的强度显著地降低，但是 90d 龄期时的强度则差异较小。例如减少水泥用量

后，S-3 的 28d 龄期时的强度为 S-1 的 89%，SS-3 的 28d 龄期时的强度为 SS-1
的 88%。而 S-3 的 90d 龄期时的强度为 S-1 的 98%，SS-3 的 90d 龄期时的强度
为 SS-1 的 96%。这说明水泥用量的下降对 28d 龄期时的强度影响较大，但是后
期强度开展较好。S-3 和 S-4 的 90d 龄期时的强度比 28d 龄期时的强度分别高
27.5% 和 19.7%，而 S-1 和 S-2 的 90d 龄期时的强度比 28d 龄期时的强度分别高
15.2% 和 13%。这说明水泥用量会降低 28d 龄期时的强度，后期强度发展更好。
这主要是由于当水泥用量多时，水灰比相对较大，水泥的水化程度要更高，因此
28d 龄期时的强度更高。但是 90d 时，水泥反应较为充分，因此决定混凝土强度
的因素主要为整体的孔隙结构，因为水泥用量少的混凝土水灰比更低，因此整体
孔隙结构差异不大，强度差异也不大。除此之外，图中还显示，当水泥用量变小
时，C30 混凝土的后期强度开展要比 C40 混凝土更好。这由于 C30 混凝土的水
灰比整体比 C40 高，因此决定 C30 混凝土强度的主要因素为浆体的整体空隙结
构。而水泥用量低的混凝土因为更低的水化程度，所以 28d 浆体的孔隙结构发展
不够完善。而对于 C40 混凝土，由于其水灰比较低，28d 水化程度较高，孔隙发
展较为完善，因此水泥用量变小对其 28d 浆体孔隙结构的影响较小，因此后期强
度发展的空间也较小。

掺超细矿渣-钢渣粉的混凝土抗压强度试验说明，采用降低水泥用量制备含
细矿渣-钢渣粉复合掺合料面临早期强度较低的问题。通过提高超细矿渣的掺量
可以较好地提高 28d 强度。

4.4.3　自密实混凝土性能

自密实混凝土（Self-Compacting Concrete 或 Self-Consolidating Concrete 简
称 SCC）是指在自身重力作用下，能够流动、密实，即使存在致密钢筋也能
完全填充模板，同时获得很好均质性，并且不需要附加振动的混凝土。自密
实混凝土通常被用于复杂垂直结构和大体积混凝土的浇筑。本节配置了两个
强度等级（C50 和 C60）的自密实混凝土，以探究超细矿渣-钢渣粉复合掺合
料配制自密实混凝土的可行性。其中采用与上节相同的超细矿渣掺量（20%
和 25%），探究超细矿渣掺量对自密实混凝土性能的影响。表 4.4-5 为自密
实混凝土的配合比。

含超细矿渣-钢渣粉复合掺合料的自密实混凝土的配合比（kg/m³）　表 4.4-5

强度等级	编号	水胶比	水泥	钢渣粉	超细矿渣	砂	石	水	聚羧酸减水剂（固含量20%）
C50	Z1	0.31	340	128	32	810	890	157	4.85
	Z2			120	40				4.90

续表

强度等级	编号	水胶比	水泥	钢渣粉	超细矿渣	砂	石	水	聚羧酸减水剂（固含量20%）
C60	ZZ1	0.278	380	144	36	780	880	156	5.65
	ZZ2			135	45				5.75

工作性是自密实混凝土的重要性能指标。本节中，自密实混凝土的工作性采用坍落度、坍落扩展度、扩展时间（T_{50}），漏斗试验来衡量，试验方法均根据《普通混凝土拌合物性能试验方法标准》GB/T50080—2016 中的方法进行试验。坍落度试验是采用一个高 300mm 喇叭状的坍落度筒填装混凝土，拔起筒后测量混凝土因白重产生坍落的高度。坍落度越大说明混凝土的和易性和流动性更好。当坍落度超过 220mm 的时候，该指标不能很好地衡量混凝土的流动性能，此时可以采用混凝土坍落扩展后的平均直径即坍落扩展度，作为流动性指标。当坍落的混凝土不再扩散，或扩散时间超过 50s 后，可测量混凝土的扩展度。扩展度越大，说明混凝土的流动性越好。扩展时间可以用来衡量拌合物的稠度和填充性。试验采用和坍落度相同的喇叭筒装填混凝土，在刻有不同直径同心圆的底板上拔起坍落度筒让混凝土扩散，并记录混凝土边缘触碰 500mm 同心圆时所用的时间（精确到 0.1s），记为 T_{50}。漏斗试验是另一种用来衡量拌合物稠度和填充性的试验，此方法适合最大公称粒径不大于 20mm 的混凝土拌合物。试验采用一个高 150mm 的 V 形漏斗装填混凝土，然后让混凝土从漏斗中流出并记录混凝土流出的时间，记为 V 形漏斗。

表 4.4-6 展示了掺超细矿渣-钢渣粉复合掺合料的自密实混凝土的各项性能。表中可以发现随着超细矿渣掺量的提高，混凝土 28d 龄期时的强度有所提高。这和普通混凝土以及砂浆的强度规律一致。由于超细矿渣具有小的粒径和更高的活性，可以填充于水泥颗粒的间隙，促进水泥的水化，消耗氢氧化钙改善界面过渡区，从而提高强度。但是由于超细矿渣具有更小的比表面积，因此为了获得相近的流动性，需要添加更多的聚羧酸减水剂。对比同等级的两个不同配方的混凝土的流动性可以发现，超细矿渣占比 25% 的混凝土虽然使用了更多的聚羧酸减水剂，但是其坍落度与超细矿渣占比 20% 的混凝土接近（C50 的坍落度 255mm 和 260mm；C60 的坍落度 265mm 和 265mm）。一般而言当坍落度大于 220mm 时，采用坍落扩展度作为衡量混凝土流动性的依据。根据表中的试验结果，可以发现当扩展度较大的时候，T_{50} 时间和 V 形漏斗的时间更短。这主要是因为混凝土的稠度和流动性往往是对应的。当混凝土扩展度较大，往往其流动性较好，稠度也更小，因此通过 500mm 同心圆和 V 形漏斗的时间往往更小。而扩展时间和漏斗试验表明，虽然加入更多的减水剂，超细矿渣占比高的混凝土仍然有着相近其

至更低的 T_{50} 时间和漏斗试验时间。这说明超细矿渣的加入除了会使得混凝土的流动性变差之外，还会提高混凝土的稠度，降低混凝土的填充性。

掺超细矿渣-钢渣粉复合掺合料的自密实混凝土的各项性能　　表 4.4-6

强度等级	编号	28d 抗压强度(MPa)	坍落度(mm)	T_{50}(s)	V 形漏斗(s)	扩展度(mm)
C50	Z1	60.3	255	8.6	12.6	715
	Z2	62.6	260	8.9	13.2	690
C60	ZZ1	69.5	265	7.9	14.1	720
	ZZ2	72.3	265	7.5	13.7	735

C50、C60 两个强度等级混凝土的坍落度均达到《混凝土质量控制标准》GB 50164—2011 中大流动性混凝土的技术指标（坍落度≥160mm）。而坍落扩展度达到《自密实混凝土应用技术规程》JGJ/T283—2012 性能等级的技术要求（坍落扩展度为 660~755mm），并可以在普通钢筋混凝土结构中做自密实混凝土应用。这说明采用超细矿渣-钢渣粉复合掺合料制备的中高强度自密实混凝土是可行的。但是由于超细矿渣的加入会影响混凝土的流动性，为了达到和纯水泥混凝土相同的工作性需要添加更多减水剂。而减水剂的增加会提高混凝土的成本。

自密实混凝土常被用于大体积混凝土的浇筑。而水泥基材料的水化硬化过程是一个放热过程，在使用自密实混凝土浇筑超高层建筑基础底板等大体积混凝土结构时，会面临混凝土内部水化放热而导致收缩开裂的风险。而大掺量的矿物掺合料是目前有效降低大体积混凝土由于温升而导致开裂的重要方法。本节研究掺超细矿渣-钢渣粉复合掺合料的自密实混凝土应用于大体积混凝土的可行性。并与纯水泥混凝土（编号 C）进行比较。

混凝土的放热能力主要通过绝热温升试验进行衡量，可以较好地匹配真实的大体积混凝土中的温度变化情况。图 4.4-4 为掺超细矿渣-钢渣粉复合胶凝材料混凝土的绝热温升试验。图 4.4-4（a）为 C50 的自密实混凝土的绝热温升曲线。其中纯水泥、20%超细矿渣掺量和 25%超细矿渣掺量的混凝土在 7d 龄期时的绝热温升分别为 50.9℃、45.95℃和 46.67℃。掺入复合掺合料的混凝土的绝热温升要比纯水泥混凝土低 4.95℃和 4.23℃。图 4.4-4（b）为 C60 的自密实混凝土的绝热温升曲线。纯水泥、20%超细矿渣掺量和 25%超细矿渣掺量的混凝土在 7d 龄期时的绝热温升分别为 52.24℃、46.59℃和 47.55℃。掺入复合掺合料的混凝土的绝热温升要比纯水泥混凝土低 5.65℃和 4.69℃。这说明采用超细矿渣-钢渣粉的复合掺合料可以显著的降低混凝土的绝热温升。

图 4.4-4 显示，当超细矿渣的掺量提高后，7d 龄期时的绝热温升更高。C50混凝土中，Z1 组的绝热温升比 Z2 组的小 0.72℃，而在 C60 混凝土中 Z1 组的绝

热温升比 Z2 组的小 0.96℃。这说明超细矿渣会轻微提升 7d 龄期时混凝土的绝热温升。其原因和上文类似，超细矿渣相比于钢渣粉具有更小的粒径和比表面积以及更高的活性，因此可以释放孔隙中的水分，提高水泥周围的水分更多，使得水泥早期的水化程度更高，从而使得水化放热更多。更高比表面积和活性使得超细矿渣还有促进成核效应，也可以促进水泥的早期水化，提高水化放热。另外，超细矿渣与水泥水化产物氢氧化钙发生的火山灰反应也会放出一定的热量，提高水化反应热。水泥水化放热的主要时间为 24～48h。对比图 4.4-4（a）中 C 曲线和 Z2 曲线可以发现，在 1d 龄期时，Z2 的绝热温升为 14.33℃而 C 为 10.54℃。超细矿渣占比为 25％的混凝土绝热温升要比纯水泥的混凝土更高。而 Z1 在 1d 龄期时的绝热温升仅为 8.89℃。而到了 2d 龄期时，Z2 的绝热温升为 31.33℃而 C 为 34.34℃，超细矿渣占比为 25％的混凝土绝热温升比纯水泥更低。这说明超细矿渣的加入主要使得 1～2d 龄期的放热量增加。这个时间正好是水泥水化放热的主要时间。这表明，超细矿渣会促进早期水泥水化的放热。这符合上文的分析，超细矿渣不仅会促进早期水泥的水化，还会发生火山灰反应，放出热量。

当混凝土强度等级为 C60 时，C、ZZ-1 和 ZZ-2 的 1d 绝热温升为 12.3℃、4.84℃和 9.62℃。加入复合掺合料的混凝土的绝热温升均大于纯水泥混凝土的；而超细矿渣掺量占比较高的混凝土绝热温升要高于占比较低的。但是要低于水泥的。这主要是由于混凝土强度等级提高后水灰比下降。虽然超细矿渣的加入能够提高早期水泥的水化程度，单位水泥的水化放热可能增加，但是由于这部分的提高并不足以抵消水泥整体用量下降带来的整体水化放热的下降。因此绝热温升并没有纯水泥混凝土的高。

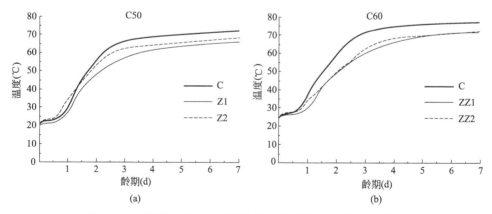

图 4.4-4　掺超细矿渣-钢渣粉的自密实混凝土的绝热温升曲线

混凝土除了大体积浇筑带来的温度收缩之外，还会发生自生收缩。自生收缩是指混凝土在密封（与外界无水分交换）条件下，因水泥水化反应而产生的自身体积变形。干燥收缩则是混凝土暴露在空气中时因为孔隙水因传输和蒸发等原因散失而引起的体积变化。一般而言，混凝土收缩是这两种收缩之和，称为全收缩。对于普通混凝土，一般其自生收缩应变最大值约为 $100\mu\varepsilon$。因此日常配置混凝土的时候，通常忽视自生收缩的影响而只需考虑干燥收缩的作用。然而当浇筑使用大体积混凝土时，由于混凝土体积过大，往往伴随着温度收缩，因此无法忽略自生收缩。

本试验采用非接触式混凝土收缩变形测定仪，测定掺超细矿渣-钢渣粉的自密实混凝土的自生收缩。该设备采用非接触式位移测量技术，可以获得任意时间段内混凝土试件自由收缩变形的高频数据，准确评价早龄期混凝土自由收缩、自收缩变形特性。

图 4.4-5 为掺超细矿渣-钢渣粉的自密实混凝土的自生收缩曲线。测量时间为 0～164.5h。图中显示，掺入超细矿渣-钢渣粉复合掺合料的混凝土收缩均小于纯混凝土。对于 C50 强度等级的自密实混凝土。C、Z1 和 Z2 的自生收缩分别为 198、165 和 178 个微应变。对于 C60 强度等级的自密实混凝土，C、Z1 和 Z2 的自生收缩分别为 290、236 和 241 个微应变。这主要是由于掺入了复合胶凝材料后，混凝土中的水泥用量降低了。自生收缩主要是由水泥水化反应前后的产物的体积变化导致的。水泥水化生成的 C-S-H 凝胶和氢氧化钙比熟料和水的体积要小。由于复合掺合料早期反应程度很低，因此基本不参与反应，不影响提及的变化。混凝土中水泥用量降低后，整体的自生收缩就会下降。

超细矿渣占比的不同也会改变混凝土的收缩。强度等级为 C50 的自密实混凝土，当超细矿渣占总掺合料的占比从 20％提高至 25％后，自生收缩从 165 个微应变提升为 178 个微应变，提高了 13 个微应变。而当混凝土强度等级为 C60 时，随着超细矿渣占总掺合料的占比从 20％提高至 25％后，自生收缩从 236 个微应变提升为 241 个微应变，仅提高了 5 个微应变。这说明，超细矿渣的占比对自密实混凝土自生收缩的影响随着混凝土强度等级的提升减小。在 C50 混凝土中，提高超细矿渣占比导致自生收缩提高的原因主要是由于超细矿渣的稀释效应和促进成核效应。这两种效应都可以使得早期水泥的水化程度提高，从而导致水化放热量提高，并最终影响绝热温升。而当混凝土强度等级提高后，水泥用量从 340kg/m^3 提高到了 380kg/m^3，水灰比也从 C50 的 0.31 降低为 C60 的 0.278。水灰比变小后，由于颗粒之间的间距较小，当反应程度较高时，超细矿渣能够更好地和水泥水化生成的氢氧化钙发生火山灰反应。此时虽然提高超细矿渣的占比，可以释放一定的水分，提高了早期反应，并增大了收缩。但是由于火山灰反应是一个体积增大的过程，因此抵消了这部分的收缩。

图 4.4-5 还显示，掺超细矿渣-钢渣粉的自密实混凝土的自生收缩分为两个阶段，第一个阶段为 0～12h，第二个阶段为 12～164.6h。第一个阶段中，自密

实混凝土的自生收缩快速增加。随着自生收缩曲线拐点的出现，混凝土的自生收缩进入缓慢增长的阶段。研究两个强度等级混凝土的不同阶段的收缩占比，以12h 为分界线。对于 C50 混凝土，C、Z1 和 Z2 的前 12h 收缩分别占全部龄期收缩的 48%、48.1%和48.2%。这说明对于掺超细矿渣-钢渣粉的 C50 自密实混凝土而言，超细矿渣占总掺量占比的变化不改变自生收缩的开展，而是均匀地改变任意时间段的自生收缩。而对于 C60 混凝土，C、ZZ1 和 ZZ2 的前 12h 收缩分别占全部龄期收缩的 40%、37%和 35.3%。这说明，在水泥快速水化的过程中，当混凝土强度等级提高后，超细矿渣占比的提高会显著地降低早期的收缩。这主要是由于超细矿渣的火山灰反应导致的体积膨胀，抵消了相应的自生收缩。当混凝土强度等级提高后，水灰比更小，水泥的使用量更大，因此颗粒之间的间距更小，水泥水化生成的氢氧化钙能够快速和超细矿渣反应，发生火山灰反应。试验结果说明，掺超细矿渣-钢渣粉的自密实混凝土不仅能够降低自身的绝热温升，还能很好地降低自生收缩。且当混凝土强度等级提高时，超细矿渣掺量的提高对自生收缩的影响不大。

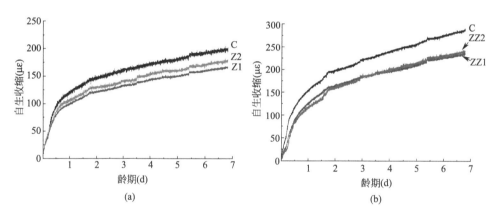

图 4.4-5　掺超细矿渣-钢渣粉的自密实混凝土的自生收缩曲线

(a) C50；(b) C60